AF503097

EXTRAIT DU BULLETIN DE LA SOCIÉTÉ GÉOLOGIQUE DE FRANCE,
2ᵉ série, t. XIV, p. 647, séance du 18 mai 1857.

Nouvelles observations sur quelques espèces de Rudistes,
par M. E. Bayle; (Pl. XIII, XIV, XV).

La bienveillance avec laquelle la Société a toujours accueilli les diverses communications que j'ai eu l'honneur de lui faire sur les *Rudistes* m'encourage à l'entretenir de nouveau sur ce sujet.

Dans mes précédentes notices (1), j'ai cherché à appeler l'attention des naturalistes sur plusieurs circonstances particulières que les *Rudistes* offrent dans leur structure, en faisant connaître la forme des muscles, la place qu'occupent leurs impressions dans la coquille, et en décrivant l'appareil cardinal si singulier des *Hippurites*. J'ai fait voir que l'*arête cardinale*, qu'on observe dans les coquilles de ce dernier genre, se retrouve chez les *Sphérulites*, mais manque dans les *Radiolites*, et que son absence dans le précédent type entraîne une modification constante de l'appareil cardinal. Je me suis cru autorisé à conclure de toutes ces observations que les genres *Sphærulites* et *Radiolites* doivent être conservés avec autant de raison qu'on peut en avoir pour maintenir le genre *Hippurites*. Il ne sera pas inutile de faire remarquer qu'en rétablissant les deux genres *Sphærulites* et *Radiolites*, considérés par MM. Deshayes, Charles Des Moulins, Alc. d'Orbigny et d'autres naturalistes, comme devant être réunis en un seul, je suis conduit à assigner à ces genres des caractères différentiels que le génie de Lamarck avait entrevus (2), mais dont ce grand naturaliste n'avait pu constater la valeur par des observations directes.

(1) *Bull. de la Soc. géol. de France*, 2ᵉ série, t. XII, p. 772 (1855); t. XIII, p. 71, 102 et 139 (1856).

(2) Lamarck, en prenant pour type de son genre *Sphærulites* le *Sphærulites foliaceus*, avait considéré la présence de l'*arête cardinale*, qui est si développée dans cette espèce, comme l'un des caractères essentiels de ce genre, et, lorsqu'il créa son genre *Radiolites* pour y placer la coquille des Corbières dont Picot de Lapeirouse avait fait ses *Ostracites angéiodes*, il émit l'opinion que les *Radiolites* de-

L'objet de cette nouvelle communication est de faire connaître l'organisation d'une espèce prise dans chacun des trois genres *Radiolites*, *Sphærulites* et *Hippurites*, et de donner un nouvel exemple de la valeur des caractères sur lesquels ces trois divisions me paraissent devoir être fondées. Je décrirai donc successivement les *Radiolites Bournoni*, *Sphærulites Hæninghausi* et l'*Hippurites cornu-vaccinum*, en commençant par l'espèce qui offre la structure intérieure la plus simple, c'est-à-dire par le *Radiolites Bournoni*.

Radiolites Bournoni, Des Moulins, sp.;

Pl. XIII, fig. 1, 2, 3.

Syn. (1826). *Sphærulites Bournonii*, Des Moulins. *Essai sur les Sphérulites*, p. 124.

(1826). *Sphærulites calceoloides*, Des Moulins. *Loc. cit.*, p. 130, Pl. IX, fig. 1.

(1847). *Radiolites Hæninghausi*, d'Orbigny. *Paléont. franç.*, terr. crét., t. IV, Pl. 565, 566 (*Exclus*, Pl. 567).

(1850). *Sphærulites calceoloides*, Deshayes. *Bull. de la Soc. géol. de France*, 2ᵉ série, t. VIII, p. 127, Pl. I, fig. 1 à 6.

(1850). *Radiolites Bournonii*, d'Orbigny. *Prodr. de Paléont.*, t. II, p. 260, n° 994.

(1850). *Radiolites calceoloides*, d'Orbigny. *Loc. cit.*, t. II, p. 260, n° 1002.

(1852). *Radiolites calceoloides*, Bronn et Rœmer. *Lethæa geognost.*, t. II, p. 254, Pl. XXXI *bis*, fig. 1.

Le *Radiolites Bournoni* peut acquérir jusqu'à 40 centimètres de longueur, depuis le sommet d'une valve jusqu'à celui de l'autre, sur

---

vaient être dépourvues d'arête cardinale. Ce caractère, si nettement indiqué, séparait essentiellement les *Radiolites* des *Sphérulites*. Or, il arrive que le *Radiolites angeiodes*, dont Lamarck ne connaissait pas l'intérieur, possède en réalité une arête cardinale. Lamarck eut donc rangé cette espèce parmi ses *Sphérulites*, s'il avait pu voir la cavité de l'une des deux valves. Mes observations m'ayant conduit à reconnaître que plusieurs espèces de *Sphérulites* décrites par les naturalistes, auxquels la science est redevable de recherches spéciales sur l'histoire naturelle de ces animaux, depuis l'établissement des deux genres *Sphærulites* et *Radiolites* par Lamarck, ne possèdent pas d'arête cardinale, j'ai dû naturellement reprendre le genre *Radiolites*, et lui assignant pour caractère fondamental celui de ne pas offrir l'arête cardinale, qui ne manque jamais chez les vraies *Sphérulites*, en sorte que ces deux genres se trouvent être définitivement reconstitués avec les caractères différentiels signalés, dès 1819, par Lamarck.

15 à 20 du bord cardinal au bord opposé, et 10 à 12 centimètres entre les côtés qui correspondent aux impressions musculaires.

Les jeunes individus ont la forme d'une pyramide triangulaire, dont une des trois faces, plus développée que les autres, est séparée de chacune d'elles par une arête où quelques-unes des lames externes du test produisent des expansions aliformes qui sont quelquefois assez grandes ; l'arête qui sépare les deux autres faces est plus obtuse, et présente fort rarement les ailes, dont les deux autres sont constamment ornées. La valve supérieure est alors plane, souvent même un peu concave ; son contour est triangulaire, comme l'est celui de l'ouverture de la valve inférieure.

Cette forme change avec l'âge, et plus ou moins rapidement, suivant les individus. Voici comment s'opère ce changement : l'aile qui sépare les deux petites faces de la pyramide s'efface peu à peu, et il naît de part et d'autre de cette aile des plis peu prononcés qui donnent à ce côté de la coquille une apparence ondulée. Ces plis déterminent quatre ou cinq côtes arrondies, longitudinales, séparées les unes des autres par des sillons à peu près aussi larges qu'elles. Vers le bord de la valve inférieure, chez l'adulte, les côtes et les sillons s'atténuent davantage, et alors la surface externe de cette portion de la coquille devient régulièrement cylindrique. Quant à la grande face, elle conserve toujours sa forme aplatie, mais les ailes latérales qui la séparent des deux autres faces, devenant de moins en moins aiguës, il en résulte que la section de la coquille d'un individu adulte offre la forme d'une ellipse aplatie d'un côté. Les lames externes du test sont lisses ; elles s'imbriquent les unes sur les autres, sans cependant former de cornets divergents, comparables à ceux que produisent ces lames chez plusieurs espèces de *Radiolites* et de *Sphérulites*. On remarque néanmoins que les lames externes sont beaucoup plus rapprochées les unes des autres sur le côté ondulé qu'elles ne le sont sur la face plane de la valve inférieure. C'est à cette circonstance qu'est due en grande partie la différence de structure que présentent les côtés plans et ondulés de la coquille.

La valve inférieure est quelquefois presque droite ; le plus souvent elle est recourbée ; dans ce dernier cas, la charnière correspond toujours à la concavité de la courbure. Cette valve se termine par une ouverture, d'abord triangulaire chez les jeunes individus, mais qui a constamment la forme d'une ellipse comprimée du côté plat de la coquille dans l'adulte. Le contour de l'ouverture est dans un plan qui est toujours oblique à l'axe de la coquille ; le limbe est ordinairement lisse ou légèrement granuleux ; on aperçoit cependant quelques légers sillons dichotomes, très superficiellement marqués sur sa surface, et qui sont loin d'être aussi profondément accusés que le sont ceux dont est orné le limbe des *Radiolites crateriformis, R. Jouanneti* et du *Sphærulites foliaceus.* Le limbe se relève uniformément autour de l'ouverture, de manière à former un cône de même base, mais plus évasé que celui de la cavité intérieure ; sur le côté aplati de la coquille, le limbe est plus relevé que sur le côté elliptique, et sa largeur y est également plus grande.

La valve supérieure est plane et triangulaire dans les jeunes individus ; elle s'arrondit chez les adultes, et prend une forme demi-ellipsoïdale. A partir d'une certaine époque de son développement, elle s'accroît proportionnellement beaucoup plus en hauteur qu'en largeur. Le sommet de cette valve est excentrique et rejeté vers le côté aplati. La surface externe est toujours lamelleuse, parce que les lames du test se relèvent tout autour de l'ouverture, et présentent ainsi leur tranche à l'extérieur. Le limbe, beaucoup plus développé du côté plat que sur le reste de l'ouverture, se relève sur toute l'étendue de son contour et non du côté cardinal seulement, ainsi que M. Deshayes avait été conduit à le présumer (1), d'après l'examen d'un individu chez lequel une portion du limbe était incontestablement en partie détruite. Les lames externes de cette espèce sont remarquablement celluleuses et les cellules fort grandes. Quand les lames sont usées, la surface extérieure de la coquille est couverte d'une multitude de stries longitudinales produites par les parois des cellules.

Décrivons maintenant l'appareil cardinal et le système d'attaches pour les muscles, et commençons par la valve supérieure.

La surface intérieure de cette valve, uniformément revêtue par la dernière lame de dépôt vitreux que l'animal a sécrétée, est à peine concave. A une certaine distance de son bord cardinal s'élève le système des dents et des apophyses musculaires (Pl. XIII, fig. 2, 3), suivant une direction parallèle à l'axe de la coquille, et qui par conséquent est oblique au plan que forme le contour de l'ouverture de la valve. Une base commune réunit à la coquille tout ce système apophysaire, dont le développement est énorme chez cette espèce.

La charnière se compose de deux longues dents cardinales (F et G) inégales entre elles. L'une et l'autre ont une face externe presque plane, sur laquelle on remarque des sillons longitudinaux très réguliers, séparés par des côtes arrondies ; les autres faces des dents sont entièrement lisses. Les dents, réunies l'une à l'autre par une partie

(1) Deshayes, *Bull. de la Soc. géol. de France*, 2ᵉ série, t. VIII, p. 129 (1850).

de leur base, sont complétement indépendantes à leur extrémité.

Les apophyses destinées à l'insertion des muscles adducteurs sont placées, de chaque côté, en avant des dents cardinales; elles ne présentent pas la même forme, mais chez l'une et l'autre la surface d'attache du muscle est complétement externe, et dirigée dans le sens de l'axe de la coquille.

L'une de ces apophyses offre une forme triangulaire. La face externe (*d*) (fig. 2), sur laquelle venaient s'insérer les fibres du muscle adducteur, est légèrement convexe d'arrière en avant. Elle rappelle assez bien la forme d'un triangle isocèle tronqué au sommet, et dont le plus petit côté est placé au droit de la dent cardinale voisine (F). Cette surface est couverte de sillons irréguliers qui la divisent en un certain nombre de lobes. Le lobe, placé à côté de la dent cardinale, est le plus distinct de tous, et l'on pourra remarquer que vers l'extrémité de la dent il se termine par une pointe arrondie qui dépasse, très sensiblement, le bord inférieur rectiligne de l'impression musculaire.

Ce premier lobe de l'impression musculaire peut être observé dans toutes les espèces de *Radiolites;* quelquefois même il acquiert un tel développement, et le sillon qui le sépare du reste de l'impression musculaire est si prononcé, qu'on serait tenté de considérer ce lobe comme étant un dédoublement de la dent cardinale voisine; mais l'irrégularité des sillons creusés sur la face externe de ce lobe contraste d'une manière si frappante avec la régularité des cannelures de la dent cardinale, qu'il est impossible d'hésiter un seul instant à le regarder comme étant un lobe détaché de l'apophyse musculaire. Le *Radiolites ingens* fournit un exemple de cette particularité curieuse.

Un large sillon sépare l'une de l'autre les surfaces extérieures de la dent cardinale (F) et de l'apophyse (*d*); néanmoins, cette apophyse est liée à la dent cardinale dans presque toute son étendue.

L'apophyse destinée à recevoir le second muscle adducteur n'est plus triangulaire comme la première, mais quadrangulaire. La surface (*e*), sur laquelle s'inséraient les fibres du muscle, convexe d'avant en arrière, a la forme d'un rectangle dont les angles sont fortement émoussés. Des sillons nombreux, irréguliers, y sont creusés; mais ils n'y produisent jamais un petit lobe semblable à celui qui se détache constamment de la première apophyse.

Un pédicule étroit rattache cette apophyse à la dent cardinale voisine (G), et produit ainsi, entre elles, une échancrure profonde (*a*, fig. 1). Dans toutes les espèces de *Radiolites* et de *Sphérulites*, la même particularité se présente constamment : l'apophyse qui donne attache au second muscle adducteur (*e*) se relie toujours à la charnière (G) par un pédicule bien plus grêle que celui qui soude l'autre apophyse (*d*) à la première dent cardinale (F). Il est donc impossible que ce canal n'ait pas été destiné à jouer un rôle important dans l'organisation du singulier mollusque qui habitait cette coquille. Voici ce que je suis conduit à conjecturer à ce sujet.

Chez tous les mollusques acéphalés lamellibranches dont la coquille est pourvue de deux muscles adducteurs, la bouche est constamment placée auprès du muscle antérieur, et l'intestin, avant d'aller se terminer à l'anus, passe toujours entre la charnière et le muscle postérieur. Or, dans les *Radiolites* et les *Sphérulites*, la charnière étant formée de deux longues dents et les muscles s'insérant eux-mêmes sur deux apophyses très proéminentes dans l'intérieur de la coquille, il en résulte de toute nécessité que pour pouvoir passer entre la charnière et le muscle postérieur, l'intestin devait trouver un canal profond ouvert entre la seconde dent cardinale et l'apophyse d'insertion du muscle postérieur, car sans cela il eût été obligé de contourner la surface interne de l'apophyse, et de venir alors se terminer à l'extrémité du muscle en un point où l'anus n'est jamais placé chez les mollusques. On conçoit aussi pourquoi l'échancrure (*a*) ne devait exister qu'entre une seule des deux apophyses et la dent voisine.

Je suis donc très porté à présumer que l'échancrure (*a*) n'avait d'autre but que celui de fournir un passage à l'extrémité anale du tube digestif. Il résulte de cette observation que je puis désormais employer, pour désigner les divers éléments dont se compose la charnière, ainsi que le système musculaire des *Radiolites*, une nomenclature beaucoup plus en rapport avec les caractères zoologiques que celle dont je m'étais servi jusqu'à présent dans mes précédentes communications.

Je supposais, en effet, la valve inférieure de la coquille des Rudistes comme étant placée dans une position telle que son axe fût vertical, et que la charnière fût opposée à l'observateur. Le contour de l'ouverture se divisait alors en quatre parties, savoir : le *bord cardinal*, le *bord droit*, le *bord antérieur* placé en regard du côté cardinal, et enfin le *bord gauche* opposé lui-même au côté droit. Or le bord gauche ainsi défini est celui qui correspond à l'impression du muscle adducteur antérieur, ou bien au côté buccal de l'animal ; le bord droit, au contraire, correspond à l'empreinte du muscle postérieur, c'est-à-dire au côté anal du mollusque, et le bord antérieur, placé entre les côtés droit et gauche, occupe une position telle que la grande ouverture du manteau devait s'appuyer contre lui; il est donc en rapport avec l'appareil respiratoire du mollusque. Nous remplacerons donc désormais les mots *bords droit, antérieur* et *gauche* par ceux de *côté anal* ou *postérieur*, de *côté branchial*, et de *côté buccal* ou *antérieur*. Alors les quatre parties du contour des valves seront désignées par des expressions en harmonie avec les noms des organes du mollusque qui leur correspondent.

Décrivons maintenant l'intérieur de la valve inférieure. Cette valve présente une cavité uniformément revêtue par une lame de dépôt vitreux, et dont la profondeur varie suivant les individus, mais qui dans les adultes ne dépasse guère le tiers de la longueur de la valve. Les lames de dépôt vitreux, que le manteau de l'animal a successivement sécrétées, sont très diversement espacées, et laissent entre elles des vides fort irréguliers. La coupe (fig. 1) fait voir que pour produire ces lames, l'animal soulevait son corps par portions, car la plupart d'entre elles ne s'étendent pas d'un bord à l'autre de la cavité. Les deux impressions musculaires sont superficielles, et leur forme est exactement la même que celle qu'elles présentent dans l'autre valve. Leur surface est également creusée par des sillons très irréguliers. Quand la coquille était fermée, les deux surfaces d'attache de l'un et de l'autre muscle étaient très rapprochées l'une de l'autre, circonstance qui devait contribuer à augmenter la puissance de ces muscles.

En arrière des deux impressions musculaires sont les alvéoles (f, g) des deux dents cardinales (F, G); elles sont accolées à la paroi de la valve et ouvertes dans toute leur longueur; leur face profonde porte des sillons longitudinaux, réguliers, remplissant l'office de coulisses pour recevoir la surface cannelée des dents cardinales. Elles sont complétement séparées l'une de l'autre, et non réunies dans la partie centrale des valves, comme cela a lieu chez les *Sphérulites*. Il en résulte que la grande cavité antérieure (M) communique largement avec la cavité cardinale (S), sans qu'on aperçoive la moindre différence dans la nature de la couche du tissu vitreux qui recouvre uniformément toute la surface interne de la coquille. Cette observation est très importante; elle prouve de la manière la plus évidente que la cavité cardinale (S) a logé une portion du corps de l'animal et non un ligament élastique interne, comme le pensait notre savant confrère M. Deshayes (1).

Chez les mollusques acéphalés, dont la coquille est pourvue d'un liga-

(1) Deshayes, *Bull. de la Soc. géol. de France,* 2⁰ sér., t. VIII, p. 129 (1850).

ment, les Crassatelles, par exemple, on voit en effet que la fossette destinée à le loger est constamment remplie par cet appareil, depuis l'extrémité des crochets jusqu'au bord de la ligne cardinale interne, quelle que soit la taille de l'individu observé ; en sorte qu'une Crassatelle adulte conserve dans toute son intégrité le ligament dont les valves de sa coquille ont été pourvues depuis l'époque où il a commencé à les réunir l'une à l'autre. S'il en avait été ainsi chez le *Radiolites Bournoni*, la fossette (S) occuperait toute la longueur de la coquille, depuis le sommet de chaque valve jusqu'au bord cardinal de son ouverture. Or le fond de cette fossette (S) s'élève dans la coquille, en même temps que celui de la cavité antérieure (M), et il est formé par le prolongement de la couche de dépôt vitreux dont cette dernière est revêtue. Il résulte de cette observation que la cavité cardinale (S) communiquant avec la région antérieure de la coquille par la large ouverture que les dents cardinales laissent entre elles à leur extrémité a dû nécessairement loger une portion charnue du mollusque et non un ligament élastique.

Il n'est désormais plus possible d'admettre l'existence d'un ligament chez les *Rudistes*. Tout est disposé chez ces curieux mollusques pour que cet appareil manque à leur coquille. La charnière elle-même est construite sur un tout autre plan que celle des lamellibranches ordinaires, précisément à cause de cette absence du ligament. Au lieu de s'ouvrir par un mouvement de bascule autour d'un point de sa circonférence, la valve supérieure se soulevait, au contraire, dans le sens de l'axe de la valve inférieure. Les dents cardinales servaient à diriger ce mouvement oscillatoire, les cannelures si régulières qui sont creusées sur leur face postérieure et pénétraient dans les rainures des alvéoles rendaient impossible tout autre mouvement, quelque léger qu'on pût le supposer. Il suffisait à l'animal de contracter les fibres d'un muscle circulaire placé sur le bord de son manteau pour que la valve supérieure se soulevât. Les muscles adducteurs, en se contractant à leur tour, déterminaient le rapprochement des valves.

Le *Radiolites Bournoni* a été décrit pour la première fois, en 1826 par M. Charles Des Moulins (1). Sous le nom de *Sphærulites calceoloides*, le même naturaliste a décrit et figuré (2) un jeune individu de la même espèce. Je me suis assuré de ce fait en étudiant les types eux-mêmes de ces espèces pendant un voyage que j'ai fait en

____

(1) Voyez Charles Des Moulins, *Essai sur les Sphérulites*, p. 124 (1826).

(2) Des Moulins, *loc. cit.*, p. 130, pl. IX, fig. 1.

1856 à Bordeaux, dans le but spécial d'aller étudier la précieuse collection que le savant auteur de l'*Essai sur les Sphérulites* a si généreusement donnée au Musée de la ville.

Notre confrère M. Deshayes, à son tour, a publié dans le *Bulletin* (1) un mémoire très intéressant dans lequel il a le premier fait connaître les muscles et l'appareil cardinal de cette coquille, d'après un fort bel exemplaire que M. Sæmann avait découvert dans la craie de Saint-Mametz (Dordogne). La cavité des valves dans cet exemplaire était très bien conservée ; les dents seules s'étaient brisées lorsqu'on chercha à ouvrir la coquille, et une portion de leur extrémité était restée engagée dans l'alvéole correspondante. M. Deshayes décrivit de la manière suivante la cavité de la valve inférieure :

« La valve inférieure est au moins trois fois plus grande que la » supérieure ; sa cavité, quoique profonde, est réellement peu con- » sidérable en proportion de la taille de la coquille ; elle est assez » régulièrement conique ; elle présente en arrière et de chaque » côté *deux arêtes presque parallèles* qui divisent la cavité en deux » portions inégales : l'une antérieure, très grande, occupée par » l'animal ; l'autre postérieure, plus petite, était destinée à recevoir » un ligament puissant ; mais cette partie de la coquille *n'est point* » *entière*. Les deux arêtes dont nous venons de parler sont *les débris* » *d'une large cloison*, dont la reproduction ne s'est point opérée » dans l'individu que nous décrivons. Dans l'épaisseur de cette cloi- » son sont contenues deux grandes cavités dans lesquelles sont » réunies les dents cardinales de la valve opposée. Une grande partie » des parois de cette cavité a été dissoute, et les dents cardinales, » soudées sur les parois externes, n'ont pas été détachées ; on en voit » encore en place les débris. »

Les deux arêtes presque parallèles dont M. Deshayes signale l'existence de chaque côté ne sont autre chose que les deux bords de chacune des alvéoles dentaires. Ces deux bords n'étaient nullement brisés dans l'exemplaire qui a servi de type à cette description, en sorte que ce ne sont pas les *débris d'une large cloison* allant d'un bord à l'autre de la coquille, et isolant ainsi la cavité antérieure occupée par l'animal d'une autre cavité postérieure plus petite, des- tinée à recevoir un ligament puissant. Une pareille cloison n'existe ni dans le *Radiolites Bournoni*, ni dans aucune autre espèce de *Radiolite*, tandis qu'au contraire une cloison transverse se trouve toujours chez les vraies *Sphérulites*. Son absence dans les *Radio-*

---

(1) Voyez Deshayes, *Bull. de la Soc. géol. de France*, 2ᵉ série, t. VIII, p. 127, pl. I, fig. 1 à 6 (1850).

lites entraîne également celle de l'*arête carainale*, caractéristique des *Sphérulites*.

On voit donc que M. Deshayes était convaincu que dans cette espèce l'appareil cardinal devait être construit sur le même plan que celui de la *Sphérulite*, dont ce savant a su le premier reconstituer la charnière. C'est en obéissant sans doute à cette préoccupation que M. Deshayes a laissé échapper l'occasion, que lui offrait le bel exemplaire étudié par lui, de découvrir l'organisation des *Radiolites* qui est si différente de celle des vraies *Sphérulites*.

Le savant auteur de la *Paléontologie française* a figuré, de son côté, sous le nom de *Sphœrulites Hœninghausii*, dans les planches 565 et 566 de son grand ouvrage, un exemplaire qui appartient incontestablement au *Radiolites Bournoni*. J'ai vu ce Rudiste dans la collection de d'Orbigny ; c'est un individu qui a été recueilli sur le bord de la mer, au pied de la falaise crayeuse des environs de Royan. La valve supérieure et une portion seulement de la valve inférieure sont conservées ; la moitié inférieure de cette dernière manque complétement ; l'extrémité seule du birostre en tient la place. D'Orbigny, pour donner une figure entière de cet échantillon, a fait restaurer la pointe de la coquille, en se guidant sur la disposition que présentent les lames au pourtour de l'ouverture. Or le *Radiolites Bournoni*, jeune, ayant la forme d'une pyramide triangulaire, il en résulte que les figures données dans les planches 565 et 566 de la *Paléontologie française* ne représentent pas plus le *Sphœrulites Hœninghausi* (type) qu'elles ne donnent une idée vraie de la forme du *Radiolites Bournoni*. Ce sont des figures entièrement théoriques.

Le *Radiolites Bournoni* est assez commun dans la craie supérieure de Saint-Mametz (Dordogne) ; on l'y trouve associé avec les *Radiolites ingens* et *Jouanneti*, les *Sphœrulites cylindraceus* et *Toucasi*, et l'*Hippurites radiosus*.

M. Des Moulins l'a rencontré dans la partie supérieure des falaises de Royan et de Talmont (Charente-Inférieure), et dans le ravin de la Vache-Penduc, vallée de la Couze (Dordogne).

Il n'est pas inutile de faire remarquer que les individus de cette espèce que l'on trouve à Saint-Mametz sont constamment couchés sur leur face aplatie, et je suis porté à croire qu'ils occupaient une position semblable sur la vase, au fond de la mer crétacée. Le côté plat correspondant à la partie antérieure ou buccale du mollusque, on voit qu'alors ces animaux étaient exactement placés au fond de la mer, comme le sont un grand nombre d'autres mollusques, c'est-à-dire la tête en bas et la région anale en haut.

Étudions maintenant le *Sphœrulites Hœninghausi*.

Sphærulites Hœninghausi, Des Moulins.

Pl. XIV, fig. 1, 2, 3, 4.

Syn. (1819). *Birostrites inæquiloba*, Lamarck. *Hist. nat. des anim. sans vert.*, t. VI, p. 236.

(1822). *Jodamia bilinguis*, Defrance, *Dict. des sc. nat.*, t. XXIV, p. 230 ; Atlas, t. X, Pl. 82, fig. 2.

(1822). *Jodamia castri*, Defrance. *Loc. cit.*, t. XXIV, p. 230 ; Atlas, t. X, Pl. 82, fig. 1 *a*, 1 *b*, 1 *c*.

(1825). *Birostrites Duchateli*, de Blainville, *Manuel de Malacol.*, p. 518.

(1825). *Jodamia Duchateli*, de Blainville. *Loc. cit.*, Pl. 58, fig. 1, *a*, *b*, *c*.

(1825). *Birostrites inæquiloba*, de Blainville. *Loc. cit.*, p. 517.

(1825). *Jodamia bilinguis*, de Blainville. *Loc. cit.*, Pl. 58, fig. 2.

(1826). *Birostrites Duchateli*, de Blainville. *Dict. des sc. nat.*, t. XXXII, p. 306.

(1826). *Sphærulites Jodamia*, Des Moulins, *Essai sur les Sphérul.*, p. 100.

(1826). *Sphærulites Hœninghausi*, Des Moulins. *Loc. cit.*, p. 118, Pl. VI, fig. 2, Pl. VII.

(1826). *Sphærulites dilatata*, Des Moulins. *Loc. cit.*, p. 128, Pl. VIII, fig. 1, 2, 3.

(1826). *Sphærulites crateriformis*, Des Moulins. *Loc. cit.*, Pl. VI, fig. 1 (*Exclus*, Pl. I et II).

(1837). *Sphærulites crateriformis*, Bronn. *Lethæa geognost.*, p. 692, Pl. 31, fig. 3.

(1840). *Hippurites Hœninghausi*, Goldfuss. *Petrefact. German.*, p. 304, Pl. 164, fig. 3 *a*, *b*, *c*.

(1842). *Radiolites acuta*, d'Orbigny. *Ann. des sc. nat.*, t. XVII, p. 188.

(1847). *Radiolites Hœninghausi*, d'Orbigny. *Paléont. franç., terr. crétac.*, t. IV, p. 223, Pl. 567. (*Exclus*, Pl. 565, 566).

(1847). *Radiolites dilatata*, d'Orbigny. *Loc. cit.*, p. 225, Pl. 568, fig. 1, 2, 3, 4.

(1847). *Radiolites acuta*, d'Orbigny. *Loc. cit.*, p. 228, Pl. 571, fig. 4, 5, 6, 7, 8.

(1850). *Radiolites Hœninghausi*, d'Orbigny. *Prodr. de paléont.*, t. II, p. 260, n° 995.

(1850). *Radiolites dilatata*, d'Orbigny. *Loc. cit.*, p. 260, n° 995.

(1850). *Radiolites acuta*, d'Orbigny. *Loc. cit.*, p. 260, n° 997.

(1852). *Radiolites Hœninghausi*, Bronn et Rœmer. *Lethæa geognost.*, t. II, p. 257, Pl. 31, fig. 3.

Syn. (1855). *Radiolites Hæninghausi*, Woodward. *Quart. Journ.
of the geol. Soc. of London*, t. XI, p. 49, fig. 15, 16.
(1855). *Radiolites acutus*, Woodward. *Loc. cit.*, Pl. V, fig. 3.

Cette espèce, malgré les variations nombreuses qu'elle présente,
conserve des caractères assez constants.

La valve inférieure, toujours plus grande que la supérieure, ressemble à un cône évasé, couvert extérieurement de larges lames
foliacées très irrégulières. Elle présente une large surface plane
qui correspond au côté buccal et à une portion du côté cardinal ; sur
cette surface, les lames externes se relèvent vers le bord de la valve,
mais sans se séparer les unes des autres, pour former des cornets
emboîtés. Elles sont, au contraire, très irrégulièrement ondulées sur
les autres faces de la valve. Malgré ces ondulations irrégulières des
lames, on peut voir deux sinus se dirigeant du sommet vers le bord
de la coquille, dans lesquels la courbure des lames offre plus de
régularité. Ces sinus se rencontrent dans un grand nombre d'espèces
de *Sphérulites* ; on les reconnaît très bien dans les *Sphœrulites
Toucasi, ponsianus, Moulinsi, radiosus, angeiodes*, etc., etc. Ils
occupent une position constante dans la coquille : l'un d'eux est
toujours placé sur le côté branchial, en face de la charnière, et le
second, plus ou moins voisin du premier, suivant les espèces, est
constamment sur le côté anal. Ces deux sinus, par leur position,
rappellent de la manière la plus frappante les deux bandes externes
qui existent chez quelques espèces de *Radiolites*, telles que, par
exemple, les *Radiolites ingens, fissicostatus, canaliculatus, royanus, angulosus, lumbricalis, cornu-pastoris*, et qui sont remplacés
par les deux piliers internes chez les *Radiolites crateriformis* et
Jouanneti.

La valve supérieure est elliptique comme l'inférieure, mais beaucoup moins haute ; elle reste assez longtemps plane, et ne devient
convexe que dans les vieux individus. Elle est aussi très irrégulièrement lamelleuse. Son sommet est excentrique ; il est rejeté vers le
bord antéro-cardinal.

Les lames de dépôt vitreux qui tapissaient l'intérieur des valves,
et principalement celui de la valve inférieure, étaient très minces et
très fragiles dans cette espèce ; aussi ces lames ont-elles été très souvent détruites par un phénomène fort curieux de la fossilisation. Ces
lames, en effet, ont disparu, lorsque les sédiments qui avaient rempli la cavité des valves, après la destruction complète des parties
molles de l'animal, étaient déjà consolidés. Il en résulte que, dans ce
cas, la coquille, réduite aux lames externes du test, offre dans son

intérieur un moule laissant un espace vide entre sa surface externe et celle de la cavité qui le contient. L'existence de ce vide, uniquement due à la disparition des lames intérieures de dépôt vitreux, avait suggéré à M. Des Moulins la pensée qu'une enveloppe cartilagineuse de l'animal en avait tenu la place, opinion qui le conduisit à regarder les Rudistes comme étant des animaux intermédiaires entre les *Tuniciers* et les *Conchyfères*. Cette opinion ne peut plus être soutenue aujourd'hui.

A Royan (Charente-Inférieure), à Sourzac, ainsi que dans les autres localités du département de la Dordogne où cette espèce est très commune, on ne rencontre jamais un exemplaire dont les couches internes du test soient conservées ; mais une circonstance heureuse ayant permis à M. Marrot, inspecteur général des mines, de découvrir aux environs de Ribérac une valve supérieure transformée en silice, dont toute la charnière, ainsi que les apophyses musculaires, sont dans un état de conservation à peu près parfaite, il me sera possible de faire connaître, en décrivant cette pièce remarquable, toute l'organisation intérieure de cette espèce de *Sphérulite*.

Décrivons-la donc maintenant.

Cette valve appartient incontestablement à un individu adulte du *Sphœrulites Hœninghausi*. Elle est remarquablement convexe ; son sommet n'est pas central, mais rapproché du bord antéro-postérieur. Arrondie sur tout le pourtour de ses bords postérieur, branchial et cardinal, elle est notablement comprimée sur son bord antérieur. Les lames externes du test sont en grande partie détruites ; le bord cardinal présente une scissure profonde, remontant presque au sommet de la valve, et qui correspond au repli que font les deux lames composant l'arête cardinale (A). Lorsque les lames internes du test ont été détruites par la fossilisation, tandis qu'au contraire les lames externes se sont conservées, la cavité présente alors une carène aiguë, peu saillante, occupant la place de l'arête cardinale.

La saillie que fait l'arête cardinale dans l'intérieur de la valve est très grande. Les deux lames qui la composent, juxtaposées dans presque toute son étendue, se séparent en arrière des dents cardinales, et déterminent ainsi une petite cavité (V, fig. 3) analogue à celle dont j'ai déjà signalé l'existence à l'extrémité de l'arête cardinale du *Sphœrulites foliaceus* (1). Cependant, dans cette dernière espèce, la cavité (V) est proportionnellement plus grande que celle

---

(1) Bayle, *Observations sur le* Sphærulites foliaceus (*Bull. de la Soc. géol. de France*, 2ᵉ série, t. XIII, p. 71, Pl. I).

du *S. Hœninghausi*. La cavité (V) paraît exister chez tous les *Sphérulites*; j'en ai constaté la présence chez les *S. radiosus, angeiodes, cylindraceus, Toucasi, Moulinsi, ponsianus*, etc.

Les dents cardinales, ainsi que les apophyses destinées aux attaches des muscles adducteurs, sont extrêmement développées dans cette espèce.

Les dents cardinales sont très inégales : la première (F), située du côté antérieur, est la plus grande des deux ; elle est très longue d'avant en arrière et comprimée latéralement ; sa coupe transversale serait donc quadrangulaire ; elle offre en arrière un profil concave, tandis qu'il est convexe en avant. Cette circonstance est due à ce que la dent cardinale, soudée à la coquille à une certaine distance de l'ouverture, se recourbe à son extrémité libre vers le bord cardinal, disposition que fait clairement comprendre l'examen de la figure 1. L'extrémité de cette dent est brisée; j'ignore si elle était beaucoup plus grande, et quelle devait être la forme de son extrémité.

La seconde dent cardinale (G) est presque entière ; elle est moins longue que la première, beaucoup moins forte, et également recourbée d'avant en arrière ; elle offre en outre cette particularité singulière d'être tordue sur elle-même de gauche à droite.

Les dents cardinales du *S. Hœninghausi* diffèrent notablement de celles de la plupart des Sphérulites par leur courbure d'avant en arrière, la torsion de l'une d'entre elles, ainsi que par leur inégalité. L'axe de ces dents est généralement droit chez les Sphérulites; on le voit très bien, par exemple, dans les *S. cylindraceus, Sauvagesi* et *ponsianus*.

Quoi qu'il en soit, et malgré leur courbure, les dents ne pouvaient glisser dans leurs alvéoles que suivant le sens de leur axe, la torsion de la seconde dent (G) rendant impossible tout mouvement de bascule de la valve autour d'un point quelconque de sa circonférence, quelque faible qu'on pût supposer ce mouvement.

Les attaches des muscles adducteurs sont portées par deux apophyses très inégales.

L'une d'elles (*e*), sur laquelle s'insère le muscle adducteur postérieur, est nettement séparée de la dent cardinale voisine (G) par une gorge qui règne dans toute sa longueur, et que je regarde comme destinée au passage de l'intestin, avant sa terminaison anale. Cette apophyse est fort longue, droite dans sa partie antérieure (*e*, fig. 1 et 3), tandis que son bord postérieur participe à la courbure de la charnière ; il résulte de cette disposition que la surface sur laquelle s'insère le muscle est plus large que ne l'est la racine de l'apophyse. L'empreinte est ellipsoïdale et dans un plan perpendiculaire à l'axe de l'apophyse, ce qui prouve que la paroi de la valve inférieure qui porte l'empreinte du muscle postérieur est sensiblement horizontale et non parallèle à l'axe de cette valve, ainsi que cela a lieu dans le *Radiolites Bournoni*, et dans le plus grand nombre des espèces de *Radiolites* et de *Sphérulites*.

L'autre apophyse (*d*), deux fois moins saillante que la première, présente en même temps une forme tout autre ; elle est séparée de la dent cardinale voisine (F) par une rainure. étroite et peu profonde. La surface pour l'insertion du muscle adducteur antérieur qui la termine est triangulaire, la base du triangle étant en regard de la dent (F), tandis que le sommet, fort peu émoussé, est du côté opposé. L'impression du muscle adducteur antérieur est donc plus étendue d'arrière en avant dans cette espèce que celle de l'adducteur postérieur.

Une disposition contraire se présente chez quelques *Sphérulites*. Ainsi l'empreinte du muscle anal est beaucoup plus étendue d'arrière en avant que celle du muscle buccal dans le *Sphœrulites cylindraceus*, par exemple ; mais dans toutes les Sphérulites, l'empreinte du muscle antérieur a constamment une forme plus ou moins triangulaire, tandis que l'autre est ellipsoïdale.

Les deux apophyses musculaires de notre valve supérieure du *S. Hœninghausi* tendent à se réunir en avant par deux crêtes qui en prolongent la base, et circonscrivent nettement la cavité viscérale (M). Ces crêtes déterminent les deux rainures qui, dans les moules intérieurs de cette coquille, séparent le petit cône du birostre du bourrelet circulaire qui l'entoure.

En arrière de la charnière et de chaque côté de l'arête cardinale se trouvent deux cavités (U) assez profondes et inégales entre elles, que je propose d'appeler *cavités postéro-dentaires*. Le fond de ces cavités est rempli de lames saillantes, très irrégulières dans leur forme, et qui sont formées par le dépôt vitreux. Ces lames adhèrent par leur base au fond des cavités (U), et sont libres dans tout le reste de leur longueur. Elles sont beaucoup plus nombreuses dans la cavité postéro-dentaire située du côté anal que dans l'autre. Ces lames existent toujours chez les *S. Hœninghausi* adultes, mais elles manquent complétement chez les jeunes individus ; ce sont elles qui ont produit, sur le côté cardinal des moules, les quatre cônes criblés de cavités, auxquels M. Charles Des Moulins a donné le nom d'*appareil accessoire* des birostres.

Les cavités postéro-dentaires étant déterminées par l'*arête cardinale* et la forme particulière de la charnière existent chez toutes les espèces de *Sphérulites*, mais leur grandeur varie suivant la saillie plus ou moins grande que fait l'arête cardinale. Elles ne sont pas toujours obstruées par des lames analogues à celles que présente le *S. Hœninghausi*, et l'on remarque que ces lames manquent complétement dans les espèces chez lesquelles les cavités postéro-dentaires sont plus petites, dans le *S. alatus*, par exemple.

Les cavités postéro-dentaires (U) des *Sphérulites* représentent la cavité cardinale unique (S) des *Radiolites* ; mais il est difficile d'admettre qu'elles aient pu loger quelques-uns des viscères de l'animal. Je suis porté à croire, au contraire, que la peau qui en tapissait les parois ne sécrétait une aussi grande quantité de lames de dépôt nacré que parce que cette peau n'enveloppait aucun organe jouant un rôle important dans l'animal de la *Sphérulite*. La production de ces lames serait alors quelque chose d'analogue à celle de ces concrétions irrégulières que plusieurs mollusques sécrètent dans leur coquille, et avec lesquelles on fait les perles si recherchées par les bijoutiers.

La cavité (M), destinée à loger une portion des viscères du mollusque, présente la forme d'un cône dont l'axe est recourbé sous les apophyses cardinales ; elle est assez grande. Entre les apophyses musculaires et le bord de l'ouverture, la surface de la valve présente une dépression assez profonde, dont le moule est représenté par la moitié supérieure du bourrelet circulaire des birostres.

Le moule inférieur du *Sphærulites Hœninghausi* se rencontre très fréquemment dans les champs du Périgord et des deux Charentes. On peut même à Royan, à Sourzac (Dordogne), parvenir à en retirer de très complets de la cavité intérieure d'un grand nombre d'individus, parce que dans ces localités la coquille est dépouillée de ses lames de dépôt vitreux, et que le moule n'adhère en aucune façon aux valves.

Ce moule a été figuré d'une manière remarquable par Goldfuss dans la planche 164 (fig. 3 *a*, *b*, *c*) de son bel ouvrage, et par d'Orbigny, planche 567 de la *Paléontologie française* ; M. Charles Des Moulins en a donné une excellente description (1).

On peut très bien comprendre la signification de chacune des parties qui constituent ce moule (*birostre* des auteurs), d'après la description de la valve supérieure que nous venons de donner. En effet, il se compose de deux cônes très inégaux entre eux, réunis par une base commune. Le plus grand nombre des deux cônes correspond à la cavité viscérale (M) de la valve inférieure, et le plus petit à la cavité analogue de l'autre valve. La base des cônes est entourée

____

(1) Charles Des Moulins, *Essai sur les Sphérulites*, p. 62 (1826).

par un bourrelet ellipsoïdal, anguleux en son contour, qui répond exactement au point où le bord de la cavité interne d'une des valves venait s'appliquer contre l'autre.

Le bourrelet se sépare complétement des deux cônes du birostre dans une portion de sa circonférence, et laisse ainsi une cavité entre eux et lui. On reconnaît facilement dans cette cavité irrégulière les gaînes produites par la destruction du test des apophyses musculaires et des deux dents cardinales. Une fente profonde divise la portion du bourrelet, ainsi détachée des deux cônes du birostre, en quatre proéminences coniques constituant l'*appareil accessoire* des birostres. Ces quatre cônes accessoires ont une base commune comme ceux du birostre ; ceux qui accompagnent le grand cône du birostre sont constamment plus grands que les deux autres ; leur structure est lamello-caverneuse. Ces cônes ne sont autre chose que les moules des quatre cavités postéro-dentaires, et la fente qui les sépare a été produite par l'arête cardinale. Les impressions musculaires se voient très bien sur la surface extérieure du grand cône du birostre ; elles sont superficielles et très finement ramifiées. C'est au fond des deux gaînes apophysaires que l'on aperçoit les autres empreintes musculaires. Les birostres fournissent des caractères précieux pour la détermination des diverses espèces de *Sphérulites*, car leur étude permet d'apprécier les caractères internes de ces coquilles qui sont constamment indépendantes des nombreuses variations de formes que plusieurs d'entre elles affectent. Il serait très facile de rétablir la cavité de la valve inférieure du *S. Hœninghausi*, à l'aide de la connaissance que nous avons à présent de la structure de l'autre valve et du birostre ; mais cette description serait inutile à faire, quant à présent.

Le moule intérieur du *Sphærulites Hœninghausi* était connu bien longtemps avant que la coquille de cette espèce fût décrite par les naturalistes. Il a servi de type au genre *Birostrites* de Lamarck et à celui de *Jodamia* de Defrance. M. Des Moulins le premier donna, en 1826, une description avec une figure de l'espèce, en lui imposant le nom de *S. Hœninghausi*, qui a été adopté depuis lors par tous les naturalistes (1) ; mais M. Des Moulins décrivit en même temps, sous les noms de *S. Jodamia* et de *S. dilatata*, des individus

---

(1) Je crois donc devoir conserver à cette *Sphérulite* le nom spécifique d'*Hœninghausi*, aujourd'hui accepté par tous les géologues, plutôt que de reprendre le nom le plus ancien qui lui a été attribué, au risque de paraître ne pas vouloir me conformer à des principes de priorité, que la plupart des paléontologistes cherchent à faire prévaloir

appartenant à de véritables *S. Hœninghausi*, ainsi que j'ai pu le constater par l'examen direct des types qui ont servi à l'établissement de ces deux prétendues espèces. Le même naturaliste a rapporté au *Radiolites crateriformis* un birostre (Pl. VI, fig. 1) qui est, sans aucun doute possible, celui du *S. Hœninghausi*.

D'Orbigny a représenté, dans la planche 567 de la *Paléontologie française*, le birostre de cette espèce; mais les planches 565, 566, ainsi que nous l'avons dit plus haut, ont été dessinées d'après un mauvais exemplaire du *Radiolites Bournoni*. La planche 568, au contraire, contient d'excellentes figures du *S. Hœninghausi*; seulement l'auteur les donne comme étant celles de son *R. dilatata*. Les moules intérieurs, dessinés dans la planche 571 (fig. 4, 5, 6, 7 et 8) sous le nom de *Radiolites acuta*, appartiennent encore à de jeunes individus du *S. Hœninghausi*.

Le *Sphœrulites Hœninghausi* est très commun dans la craie supérieure des falaises situées à l'embouchure de la Gironde, à Royan, à Saint-Georges de Didonne, à Meschers, à Talmont. On l'y trouve associé avec les *Sphœrulites alatus*, *S. Sœmanni*, *Radiolites crateriformis*, *R. fissicostatus*, *R. acuticostatus* et *R. royanus*.

On le rencontre également à Ribérac, à Sourzac, à Neuvic et à Saint-Mametz dans le département de la Dordogne. A Saint-Mametz, il se trouve dans une assise crayeuse incontestablement située au-dessous des calcaires jaunâtres friables, dans lesquels abondent les *Radiolites Bournoni*, *R. ingens*, *R. Jouanneti*, *Sphœrulites cylindraceus*, *S. Toucasi* et *Hippurites radiosus*.

M. Triger a retrouvé cette espèce dans la craie supérieure de la montagne Saint-Pierre près de Maestricht; les couches crayeuses de cette colline célèbre renferment en outre de nombreuses espèces fossiles, et entre autres les *Ostrea frons*, *Ostrea larva*, *Conoclypeus*

---

dans la science, bien souvent sans aucun avantage pour ses progrès. Lamarck, en effet, avait dès 1819 imposé le nom spécifique d'*inæquiloba* à une espèce de son genre *Birostrites*. Or, le *Birostrites inæquiloba* n'est que le moule intérieur d'une espèce de Rudistes, dont la coquille était complétement inconnue à cette époque. C'est donc en réalité à M. Des Moulins qu'on doit la connaissance de cette coquille. Or, ce naturaliste, en la décrivant pour la première fois, avait le droit de lui imposer un nouveau nom spécifique, d'autant plus que celui d'*inæquiloba* ne pouvait convenir qu'à un *birostre* et non à une coquille de *Sphérulite*. L'usage a consacré le nom donné par M. Des Moulins; je m'y suis conformé, et j'ose espérer que les géologues ne me désapprouveront pas.

Leskei, *Orbitolites media*, qui sont également très communes dans
la craie des falaises de Royan.

Passons maintenant à la description de l'*Hippurites cornu-vaccinum*.

Hippurites cornu-vaccinum, Bronn.

Pl. XV, fig. 1, 2, 3.

Syn. (1826). *Sphærulites bioculata*, Des Moulins. *Essai sur les
         Sphérul.*, p. 115, Pl. V.
   (1826). *Sphærulites imbricata*, Des Moulins. *Loc. cit.*, p. 116.
   (1832). *Hippurites cornu-vaccinum*, Bronn. *Jahrb. für Miner.*,
         p. 171.
   (1837). *Hippurites cornu-vaccinum*, Bronn. *Lethæa geognost.*,
         p. 635, Pl. 31, fig. 2.
   (1837). *Hippurites gigantea*, d'Hombres-Firmas. *Recueil de
         mém.*, t. IV, p. 181 et 198, Pl. IV, fig. 1, 2.
   (1837). *Hippurites Moulinsii*, d'Hombres-Firmas. *Loc. cit.*,
         t. IV, p. 200 ; pl. IV, fig. 6.
   (1840). *Hippurites radiosus*, Goldfuss. *Petrefact. German.*,
         p. 300, Pl. 164, fig. 2 *a*, *b*.
   (1840). *Hippurites cornu-vaccinum*, Goldfuss. *Loc. cit.*, p. 302,
         Pl. 165, fig. 1.
   (1840). *Hippurites costulatus*, Goldfuss. *Loc. cit.*, p. 302,
         Pl. 165, fig. 2 *a* (non 2 *b*, *c*, *d*, *e*).
   (1840). *Hippurites inæquicostatus*, Goldfuss. *Loc. cit.*, p. 303,
         Pl. 165, fig. 4.
   (1842). *Hippurites gallo-provincialis*, Matheron. *Catalogue*,
         p. 127, Pl. 9, fig. 1, 2, 3.
   (1842). *Hippurites dentata*, Matheron. *Loc. cit.*, p. 127, Pl. 9,
         fig. 6.
   (1842). *Hippurites lata*, Matheron. *Loc. cit.*, p. 128, Pl. 9,
         fig. 4 et 5.
   (1842). *Hippurites radiosa*, Matheron. *Loc. cit.*, p. 125.
   (1842). *Hippurites gigantea*, Matheron. *Loc. cit.*, p. 126.
   (1847). *Hippurites cornu-vaccinum*, d'Orbigny, *Paléont.
         franç., terr. crétac.*, t. IV, p. 162, Pl. 526, 527.
   (1849). *Hippurites cornu-vaccinum*, Sæmann. *Bull. de la Soc.
         géol. de France*, 2ᵉ série, t. VI, p. 282.
   (1852). *Hippurites cornu-vaccinum*, Bronn et Rœmer, *Lethæa
         geognost.*, t. II, p. 246, Pl. 31, fig. 2.
   (1855). *Hippurites cornu-vaccinum*, Woodward. *Quarterly
         Journ. of the geol. Society of London*, p. 42, fig. 2, 3,
         p. 45, fig. 8, Pl. IV, fig. 2.
   (1855). *Hippurites arborea*, Lanza. *Bull. de la Soc. géol. de
         France*, 2ᵉ série, t. XIII, p. 127, Pl. VIII, fig. 9
         (1855).

Syn. (1855). *Hippurites intricata*, Lanza. *Loc. cit.*, p. 133, Pl. VIII,
fig. 8.

L'*Hippurites cornu-vaccinum* est une coquille de forme très variable ; très souvent cylindrique, elle offre des exemplaires coniques, et plus ou moins élargis. Quelquefois, elle croît infiniment plus vite en diamètre qu'en hauteur, et dans ce cas la coquille ressemble à un cône très ouvert ; dans quelques individus, cette forme patelloïde change brusquement à partir d'une certaine époque du développement, et, le diamètre n'augmentant presque plus, la coquille devient cylindrique ; elle présente alors la réunion des deux formes *patelloïde* et *cylindroïde*. La valve supérieure, plane dans le plus grand nombre des cas, est cependant très convexe dans certains individus.

La valve inférieure est ornée extérieurement de côtes longitudinales, assez régulières, qu'interrompent de distance en distance les lames transverses d'accroissement. La grosseur de ces côtes est extrêmement variable ; quand elles sont très grosses, on a la variété dont M. Matheron a fait son *H. dentata* (Pl. IX, fig. 6). Les individus à côtes très fines ont servi de types à l'*H. lata* de Matheron (Pl. IX, fig. 4, 5) et à l'*H. gigantea* de d'Hombres-Firmas (Pl. IV, fig. 1, 2). Souvent enfin, les côtes extérieures s'effacent, tandis qu'au contraire les lames d'accroissement deviennent proportionnellement beaucoup plus marquées. Cette dernière variété a été très bien figurée par Goldfuss (Pl. 164, fig. 2, a, b) sous le nom d'*H. radiosus*, par d'Hombres-Firmas (Pl. IV, fig. 6) sous celui d'*H. Moulinsii*, et enfin elle a servi de type au *Sphærulites bioculata* de M. Des Moulins (Pl. V). Malgré ces différences extrêmes dans la grosseur des côtes, la valve inférieure présente toujours trois sillons longitudinaux très profondément creusés sur la surface, et qui déterminent entre eux deux bourrelets saillants. Ces sillons correspondent à l'arête cardinale (A) et aux deux piliers intérieurs (B) et (C). Ils sont beaucoup plus rapprochés que dans aucune autre espèce d'*Hippurite* ; la surface comprise entre le sillon (A) et le sillon (C) n'est environ que la septième partie de celle de la valve inférieure. Ce caractère suffirait, à lui seul, pour distinguer l'*H. cornu-vaccinum* de toutes ces espèces d'*Hippurites* qui sont connues jusqu'à présent.

La surface extérieure de la valve supérieure (Pl. XV, fig. 2) est couverte d'une infinité de petits pores, dont le contour est remarquablement frangé. Ces pores communiquent avec des canaux profonds, qui partent du sommet de la valve et vont s'ouvrir sur le pourtour du limbe. Ces canaux sont très irréguliers, surtout au sommet de la coquille. Les deux oscules sont très petits, leur contour est circulaire, le premier (*b*) est deux fois plus rapproché du bord de la valve que ne l'est le second (*c*). Ces deux oscules existent toujours dans l'*H. cornu-vaccinum*, mais leur petite dimension fait qu'on pourrait être conduit à croire à leur absence, quand on examine une valve supérieure, dont la surface n'a pas été suffisamment bien dépouillée de la gangue qui en obstrue ordinairement les cavités.

Étudions maintenant la structure intérieure de cette coquille. Nous nous servirons, pour cet objet, d'une valve inférieure, que je suis parvenu, après beaucoup de temps et de patience, à dépouiller entièrement de la gangue calcaire, fort dure, qui en remplissait la cavité, et d'un autre exemplaire, scié normalement à l'axe, chez lequel les deux valves étaient parfaitement bien conservées ; ces deux pièces remarquables ont été dessinées avec la plus scrupuleuse exactitude, dans la planche XV, qui accompagne ce mémoire. (Pl. XV, fig. 1 et 3).

L'*arête cardinale* (A) est fort remarquable par sa grandeur et la saillie qu'elle fait dans l'intérieur de la coquille ; chez aucune autre espèce d'Hippurite cette crête ne s'avance aussi loin dans l'intérieur des valves ; cette particularité suffirait à elle seule pour faire distinguer l'*H. cornu-vaccinum* des autres espèces d'*Hippurites*. Le *premier pilier* (B), fort rapproché de l'arête cardinale, est arrondi, et à peine saillant dans la coquille, tandis que le second (C) s'y étend au moins aussi loin que l'arête cardinale. Arrondi à son extrémité, ce pilier se rattache au bord cardinal par une base très grêle, circonstance qui rend bien compte de la petitesse du second oscule (*c*, fig. 2) et de sa position dans la valve supérieure. La portion du contour de la cavité interne, comprise entre l'arête cardinale et le second pilier, ne représente qu'un huitième environ de sa circonférence totale. Ce rapport est sensiblement le même dans tous les individus de l'*H. cornu-vaccinum* que j'ai pu examiner, mais il est bien différent dans les autres espèces, tout en restant constant pour chacune d'elles ; il suffit, pour s'en convaincre, de jeter un coup d'œil sur la fig. 4 (Pl. XV), qui représente la coupe transversale de l'*H. dilatatus ;* dans cette espèce, en effet, l'intervalle qui sépare la base de l'arête cardinale (A) de celle du second pilier (C) représente très exactement le tiers de la circonférence de la cavité intérieure ; la coupe montre aussi que les piliers de l'*H. dilatatus* diffèrent de ceux de l'*H. cornu-vaccinum.*

En face de l'arête cardinale et des piliers, sont les impressions musculaires ; la surface qui les porte est très peu inclinée, en sorte que les impressions sont presque dans un plan perpendiculaire à l'axe de la valve. Elles sont très voisines l'une de l'autre, sans cependant se confondre entre elles ; la première (D) est elliptique, légèrement concave ; ses bords sont un peu relevés ; quelques lignes transverses la divisent en un certain nombre de lobes, qui sont surtout très bien accusés sur le contour extérieur. Cette première empreinte était celle du muscle adducteur antérieur, c'est-à-dire de celui qui avoisine le côté buccal du Mollusque ; la seconde (E), un peu plus ellipsoïdale que l'autre, servait d'attache au muscle adducteur postérieur. On voit donc que dans les Hippurites les deux impressions musculaires ne sont pas placées comme elles le sont chez les *Radiolites* et les *Sphérulites*.

L'intérieur de la valve inférieure de l'*H. cornu-vaccinum* montre en outre une charnière composée de trois fossettes destinées à loger les trois dents cardinales de la valve supérieure, qui se rencontrent également chez toutes les espèces d'*Hippurites*. Ces trois fossettes sont séparées de la grande cavité antérieure (M) par une cloison (mm') dont on peut définir la position de la manière suivante : Elle naît de la partie antérieure (m) du premier pilier (B), s'avance d'abord dans l'intérieur de la cavité (M), en conservant la direction du pilier ; lorsqu'elle est parvenue en face de l'extrémité du second, elle se contourne sur elle-même, se rapproche de l'extrémité de l'arête cardinale, et s'en éloigne aussitôt, pour venir se souder à la surface interne de la cavité (M) au point (m') où les deux impressions musculaires sont voisines l'une de l'autre. Cette cloison représente évidemment la partie antérieure des deux fossettes dentaires des *Sphérulites*. Derrière la cloison sont les trois fossettes cardinales ; la première (*f*) est très profonde, elle loge la première dent cardinale qui est la plus longue et la plus rectiligne des trois. Sa section est ellipsoïdale, et on voit (fig. 3) que la dent (F) y est très étroitement enchassée. La seconde fossette (g) est encore ellipsoïdale, mais plus petite que la première ; enfin la troisième (h) est beaucoup plus grande que les deux autres ; la dent cardinale (H) qu'elle reçoit, beaucoup moins longue que la première (F), est aplatie latéralement, et arrondie à son extrémité libre ; elle est en outre bien plus largement enchassée dans son alvéole que les deux autres.

Les trois fossettes cardinales sont situées dans une direction à peu près parallèle à celle de l'arête cardinale, c'est-à-dire perpendiculairement au bord cardinal lui-même de l'ouverture. Il résulte nécessairement de cette position particulière de l'appareil cardinal, qu'une grande cavité (U) existe en arrière de la charnière ; les parois de cette cavité, qui est quelquefois plus grande que la cavité (M), sont parallèles à l'axe de la valve, d'où il résulte qu'elle est proportionnellement plus profonde que l'autre (M). On ne peut s'empêcher d'y reconnaître l'équivalent de celle des deux cavités *postéro-dentaires* des *Sphérulites* qui est située du côté antérieur de l'arête cardinale; or, comme dans les *Sphérulites* on remarque que les cavités *postéro-dentaires* sont d'autant plus grandes que l'arête cardinale elle-même est plus saillante dans l'intérieur de la coquille, on concevra facilement pourquoi la cavité postéro-dentaire (U) a pris un pareil développement dans l'*H. cornu-vaccinum.*

La cavité (U) ne se rencontre pas chez toutes les Hippurites; elle manque complétement dans l'*H. dilatatus*, et dans cette dernière espèce la charnière elle-même est dirigée dans un sens diamétralement opposé à celui qu'elle affecte chez l'*H. cornu-vaccinum;* la coupe représentée par la fig. 4 (Pl. XV) rend fort bien compte de cette disposition.

J'ai déjà exposé les raisons qui m'ont conduit à croire que, ni la cavité cardinale (S) des *Radiolites*, ni les cavités postéro-dentaires (U, U) des *Sphérulites* n'ont été destinées à recevoir un ligament; il en était ainsi de la cavité (U) qu'une portion du corps de l'animal a dû occuper dans l'*H. cornu-vaccinum.*

Le limbe de la valve inférieure est couvert de granulations très variables dans leurs formes suivant les individus.

Je n'ai pas encore, jusqu'à ce jour, pu obtenir une valve supérieure de cette espèce, qui montrât tout son appareil cardinal et ses apophyses musculaires en parfait état de conservation ; mais on pourra aisément se rendre compte de la structure de cette valve, en étudiant comparativement, par exemple, la valve inférieure, que nous venons de décrire, avec celle de l'*H. radiosus*, et en cherchant à déduire de cette comparaison, ce que devait être la valve supérieure de l'*H. cornu-vaccinum* d'après celle de la seconde espèce, dont nous avons donné, en 1855, une description complète, accompagnée de plusieurs figures (1).

L'*Hippurites cornu-vaccinum* a été pour la première fois décrit et figuré par M. Charles Des Moulins sous le nom de *Sphærulites bioculata* (p. 115, Pl. V) (2). Le même naturaliste décrivit de nouveau cette coquille sous le nom de *Sphærulites imbricata* (p. 116), et assigne à la valve inférieure les caractères suivants :

« *Valvâ inferiore, basi subplicatâ, postice compressâ et trisulcatâ,* » *sulcis longitudinalibus.* »

---

(1) Bayle, *Observations sur la structure des coquilles des Hippurites* (*Bull. de la Soc. géol. de France*, 2° série (1855), t. XII, p. 779, Pl. XVIII).

(2) Charles Des Moulins, *Essai sur les Sphérulites* (1826).

Cette phrase m'aurait suffi pour reconnaître la valve inférieure d'une *Hippurite*, et non celle d'une *Sphérulite*, car les trois sillons dont elle signale l'existence sont précisément ceux qui correspondent à l'arête cardinale et aux deux piliers. Mais j'ai pu faire davantage, et constater l'identité des *Sphærulites imbricata* avec l'*Hippurites cornu-vaccinum*, en étudiant dans le musée de Bordeaux le type même de l'espèce de M. Des Moulins.

Le nom spécifique de *bioculata* ayant été déjà donné, dès 1801, par Lamarck, à une autre *Hippurite*, ne devra donc pas être conservé à l'espèce décrite et figurée par M. Des Moulins, mais qui n'est pas le véritable *H. bioculata* de Lamark. Il semblerait juste et naturel alors d'adopter pour désigner cette espèce le nom d'*imbricata* que M. Des Moulins lui avait également imposé en 1826. Mais la description donnée par ce géologue n'étant pas accompagnée d'une figure n'a permis à aucun naturaliste d'y reconnaître l'espèce dont il est question en ce moment ; je crois être le premier paléontologiste qui ait vu un *H. cornu-vaccinum* dans le type du *Sphærulites imbricata*. Si l'on reprenait alors le nom spécifique d'*imbricata*, pour le substituer à celui de *cornu-vaccinum*, sous lequel l'espèce ainsi nommée, dès 1832, par Bronn, mais figurée en 1837 seulement (1), est généralement connue de tous les géologues, on ne ferait, selon moi, qu'un changement beaucoup plus nuisible qu'utile et qui augmenterait la confusion, dans une nomenclature déjà assez obscure. J'adopte donc, sans scrupule, le nom spécifique de *cornu-vaccinum*, bien qu'il n'ait été donné par Bronn qu'en 1832 à une espèce d'*Hippurite* déjà décrite dès 1826, sous les noms de *Sphærulites bioculata* et *S. imbricata*.

D'Hombres-Firmas (2) a décrit, en 1837, la même coquille sous les noms de *Moulinsii* et de *gigantea*. L'*H. cornu-vaccinum* a été admirablement représenté par Goldfuss (3), sous le nom d'*H. radiosus*, dans les figures 2, a, b, de la Pl. 164 de son bel ouvrage. C'est encore à la même espèce qu'il faut rapporter les *H. inæquicostatus* et *H. costulatus* du même auteur ; mais la figure 2 la seule (Pl. 165) de l'*H. costulatus* représente un *cornu-vaccinum* ; les figures (2, c, d, e) ne peuvent convenir qu'à l'*H. sulcatus*.

---

(1) Bronn, *Lethœa geognostica*, p. 635, Pl. 34, fig. 2 (1837).

(2) D'Hombres-Firmas, *Recueil de mémoires*, t. IV, p. 181, 198, 200, Pl. IV, fig. 1, 2, 6 (1837).

(3) Goldfuss, *Petrefact. German.*, p. 302, 303, Pl. 164, 165 (1840).

M. Matheron (1), dans son catalogue, a donné la description et des figures des *H. gallo-provincialis, dentata* et *lata;* ces trois *Hippurites* sont toutes des *cornu-vaccinum,* ainsi que j'ai pu m'en assurer en étudiant les types eux-mêmes qui ont servi à établir ces espèces, types que notre savant confrère s'est empressé de me communiquer pour mon travail. L'*H. lata* en particulier correspond à une variété à côtes fines, que montre très souvent l'*H. cornu-vaccinum.* L'exemplaire que M. Matheron a fait dessiner dans la planche IX de son ouvrage est écrasé d'avant en arrière, et privé de sa valve supérieure. La figure (5) le représente du côté cardinal, et montre très clairement les trois sillons longitudinaux, très rapprochés, si caractéristiques dans cette espèce. La figure (4) fait voir le même individu du côté de l'ouverture de la valve supérieure; on y voit très bien le premier pilier, et le second, deux fois plus proéminent que l'autre; mais l'arête cardinale n'y est pas entière; elle est tronquée à une très petite distance du bord cardinal; j'ai enlevé à l'aide d'un burin, une partie de la gangue qui entourait cette cavité, et j'ai retrouvé cette arête, rejetée du côté du premier pilier; elle avait tous les caractères qu'elle offre ordinairement dans l'*H. cornu-vaccinum.*

D'Orbigny a consacré les deux planches 526 et 527 de la *Paléontologie française* pour représenter l'*H. cornu-vaccinum.* La figure 2 de la planche 527 ne donne qu'une idée très imparfaite de la structure intérieure de cette coquille. Il est facile, en effet, de reconnaître que le premier pilier est démesurément grand; on a confondu avec lui une portion du bord antérieur de la fossette de la troisième dent cardinale. L'arête cardinale est, au contraire, à peine indiquée; les deux empreintes musculaires confondues l'une avec l'autre se distinguent très difficilement, et d'ailleurs l'auteur lui-même n'en avait pas soupçonné l'existence.

M. Woodward a donné plusieurs figures de cette espèce, dans un intéressant mémoire (2); il en a fait connaître presque tous les caractères essentiels.

C'est encore à l'*H. cornu-vaccinum* que l'on doit rapporter les *H. arborea* et *intricata* de M. Lanza; ces deux dernières espèces ont été décrites et figurées dans le *Bulletin* (3). Je me suis assuré

---

(1) Matheron, *Catalogue méth. et descript. des corps organ. fossiles du dép. des Bouches-du-Rhône,* etc., p. 127, Pl. IX (1842).

(2) *Quarterl. Journ. of the geol. Soc. of London,* t. XI, p. 42, fig. 2, 3, p. 45, fig. 8 ; Pl. IV, fig. 2 (1845).

(3) Lanza, *Bull. de la Soc. géol. de France,* 2ᵉ série, t. XIII, p. 127 et 133, Pl. VIII, fig. 8 et 9 (1855).

que ce sont de véritables *H. cornu-vaccinum* d'après l'étude que j'ai pu faire d'une belle suite d'individus, provenant des calcaires blancs des Monts de Verpolie, près de Sibenico, en Dalmatie, qui ont été envoyés à l'École des Mines, par M. Lanza, et au nombre desquels il y avait plusieurs individus des *H. arborea* et *intricata* déterminés par M. Lanza lui-même.

L'*Hippurites cornu-vaccinum* se rencontre à Gourd-de-l'Arche (Dordogne) dans l'assise de la craie inférieure qui est comprise entre les calcaires blancs à *Radiolites lumbricalis* et *cornu-pastoris*, et la craie micacée de Périgueux, dont les premières couches renferment une quantité prodigieuse d'*Ostrea auricularis*, Brongn. (1). La même assise renferme, en outre, les *Sphærulites Sauvagesi* et *radiosus*.

On voit donc que, dans le département de la Dordogne, les couches qui renferment l'*H. cornu-vaccinum* et les autres Rudistes avec lesquels cette espèce est associée forment un horizon plus élevé dans la série des dépôts crétacés du sud-ouest que celui des calcaires où abonde le *Radiolites lumbricalis*; l'horizon de l'*H. cornu-vaccinum* termine, pour moi, l'étage de la craie inférieure.

L'*Hippurites cornu-vaccinum* n'est pas très rare à Bugarach et aux Bains-de-Rennes (Corbières) dans les calcaires où abondent les *Hippurites bioculatus*, *H. organisans*, *H. dilatatus* et le *Sphærulites angeiodes*.

On le rencontre fréquemment à Lavelanet, auprès de Foix (Ariège), avec le *Sphærulites Nouleti*.

A Gatigues, près d'Uzès, dans le département du Gard on le trouve

---

(1) L'*Ostrea auricularis* a été parfaitement décrite et figurée par Al. Brongniart (p. 638, Pl. N, fig. 9, 3ᵉ édit., 1835). Le savant auteur de la *Paléontologie française* a donné de son côté le nom d'*Ostrea Matheroniana* à une espèce entièrement différente de celle-ci, et qui occupe dans la craie supérieure un niveau plus élevé; mais il est facile de reconnaître que d'Orbigny a confondu avec son *Ostrea Matheroniana* (*Pal. franç.*, *terr. crétac.*, t. III, p. 737, Pl. 485) la véritable *Ostrea auricularis* de Brongniart. On reconnaît en effet cette dernière espèce dans les figures 5 et 6 de la Pl. 485, tandis que les figures 1, 2, 3, 4 et 7 se rapportent à une autre espèce, pour laquelle on pourra réserver le nom d'*Ostrea Matheroniana*. L'*O. auricularis* est aussi très distincte de l'*O. Pyrenaica*, que M. Leymerie a découverte à Gensac, à Saint-Marcet et à Mauléon, et dont il a donné une description et des figures (p. 194, Pl. X, fig. 4, 5, 6) dans son intéressant mémoire intitulé : *Sur un nouveau type pyrénéen parallèle à la craie proprement dite*, travail qui est inséré dans le tome IV (2ᵉ sér.) des *Mémoires de la Soc. géol. de France*, p. 177 (1851).

associé avec les *Sphærulites Sauvagesi*, *S. Requieni* et le *Radio-lites canaliculatus*.

Aux Martigues, sur les bords de l'étang de Berre, l'*H. cornu-vaccinum* est très commun. Il y est associé aux mêmes espèces que dans les Corbières. Dans le département du Var, et notamment à la Cadière, à Candelon et au Beausset, on rencontre cette espèce avec les *Hippurites organisans*, *H. dilatatus*, *H. sulcatus*, le *Radiolites excavatus*, ainsi que les *Sphærulites Moulinsi*, *S. angeiodes*, *S. squammosus*, les *Caprina Aguilloni* et *C. Coquandi*.

On trouve aussi l'*H. cornu-vaccinum* dans les Alpes du Salzbourg, à Gozau, avec le *Sphærulites angeiodes* et la *Caprina Aguilloni*. M. Lanza l'a découvert dans les calcaires blancs des Monts de Ver-polie, près de Sibenico, en Dalmatie.

M. Albert Gaudry l'a également retrouvé dans les calcaires crétacés de Kaprena, auprès du mont Parnasse, en Grèce, qui renferment, en outre, le *Sphærulites Moulinsi*.

M. Ville, ingénieur en chef des mines de la province d'Alger, a découvert cette espèce dans les calcaires des environs de Boghar (Algérie).

On la retrouve à Amasie, dans l'Asie Mineure, et aux environs d'Oviedo (Espagne).

Cette *Hippurite* est la seule espèce de Rudiste que l'on ait re-trouvée dans des localités aussi éloignées les unes des autres. L'horizon qui la renferme est le plus constant que l'on puisse signaler dans le terrain crétacé; je le considère comme formant l'assise la plus élevée de l'étage de la craie inférieure (1); l'étage de la craie supérieure commencerait immédiatement au-dessus de cette assise.

L'exposé que nous venons de faire de la structure intérieure des *Radiolites Bournoni*, *Sphærulites Hœninghausi* et de l'*Hippurites cornu-vaccinum*, nous a montré chez ces trois espèces des caractères que l'on retrouve dans toutes autres appartenant aux mêmes genres. Nous pouvons donc désormais indiquer en peu de mots quels sont les caractères différentiels des trois genres *Radiolites*, *Sphærulites* et *Hippurites*, tels que nous les comprenons aujourd'hui (2).

---

(1) Cette assise pourrait être désignée par le nom de *calcaire à Hippurites*.

(2) Ces trois genres ne renferment pas à eux seuls toutes les espèces de *Rudistes*; il faut encore leur adjoindre le genre *Caprina*, pour comprendre l'ensemble des espèces qui composent ce curieux groupe de mollusques lamellibranches. J'ai également étudié le genre *Ca-prina*, et mon travail pourra bientôt, je l'espère, être communiqué à la Société.

Ces trois genres se composent de coquilles bivalves, dépourvues de ligament ; chez toutes, la valve supérieure offre une charnière composée de dents très saillantes, tandis que dans l'inférieure il n'y a que des fossettes pour recevoir les dents. Les empreintes des muscles adducteurs, au nombre de deux seulement, sont toujours superficielles dans la valve inférieure ; mais, dans la supérieure, elles sont situées sur de très longues apophyses, placées au-devant de la charnière ; ces caractères se montrent dans les trois genres ; ils sont fondamentaux pour le groupe des Rudistes ; voici maintenant quels sont les caractères différentiels :

Genre *Radiolites*.

Absence complète d'*arête cardinale*.

Charnière formée de *deux* dents cardinales soudées à la valve supérieure par un pédicule commun et très distantes l'une de l'autre à leur extrémité libre, cannelées sur leur face postérieure.

Fossettes cardinales placées de chaque côté, sur les parois de la valve inférieure et *largement ouvertes en avant*; leur face profonde est cannelée.

La cavité antérieure pour l'animal, communiquant librement entre les deux fossettes avec celle qui correspond au bord cardinal.

Deux muscles adducteurs, dont les impressions sont situées en avant aux deux extrémités de la charnière.

Point de ligament.

Lames externes du test à structure celluleuse, dans l'une et dans l'autre valve.

Genre *Sphærulites*.

Toujours une *arête cardinale*.

Charnière formée de *deux* dents cardinales, soudées à la valve supérieure par un pédicule commun et beaucoup plus rapprochées l'une de l'autre à leur extrémité libre, que ne le sont celles des *Radiolites*; elles sont toujours cannelées sur leur face postérieure.

Fossettes se réunissant l'une à l'autre, au milieu de la coquille et au droit de l'arête cardinale ; d'où il résulte que, de chaque côté de cette crête en arrière des fossettes, se trouvent deux cavités complétement isolées de la grande loge antérieure destinée à l'animal ; ce sont ces cavités *postéro-dentaires*.

Deux muscles adducteurs, dont les impressions sont placées comme chez les *Radiolites*, c'est-à-dire en avant, aux deux extrémités de la charnière.

Point de ligament.

Lames externes du test à structure celluleuse, dans l'une et l'autre valve.

Genre *Hippurites*.

Une *arête cardinale*, et toujours deux piliers internes.

Charnière composée de *trois* longues dents cardinales ; la première, placée sur le bord antérieur de la coquille, d'un côté de l'arête cardinale, et les deux autres portées par un pédicule commun de l'autre côté de cette crête, c'est-à-dire vers le côté postérieur. Elles sont reçues dans trois fossettes, l'une située sur le côté buccal de la valve inférieure, entre ce côté et l'arête cardinale et les deux autres entre cette crête et le premier pilier.

Deux muscles adducteurs, dont les impressions, très voisines l'une de l'autre, sont constamment situées sur le bord antérieur de la valve inférieure, en regard des deux piliers, et sont portées par une courte apophyse, en forme de fer à cheval, soudée à la valve supérieure en avant de la première dent cardinale qui semble même n'en être que le prolongement.

Les deux valves très inégales ; la supérieure, le plus souvent plane. On y voit *deux oscules* qui correspondent aux extrémités des deux piliers, et sa surface externe est criblée de petits trous qui pénètrent dans des canaux profonds. Ces canaux partent du sommet de la valve et vont s'ouvrir en se bifurquant sur le pourtour du limbe, en dehors du bourrelet saillant produit par les lames de dépôt vitreux qui revêtent la surface interne de la coquille.

La valve inférieure, toujours plus ou moins conique, est dépourvue des canaux qui sont creusés dans l'épaisseur de la supérieure ; elle montre, dans la plupart des espèces, des sillons longitudinaux externes, plus ou moins profondément marqués, qui correspondent à l'arête cardinale et aux deux piliers.

Les trois genres dont nous venons d'indiquer sommairement les caractères fondamentaux sont composés d'un certain nombre d'espèces ; mais ce nombre est loin d'être aussi considérable que sembleraient l'indiquer les catalogues d'espèces fossiles publiés jusqu'à ce jour. Mes recherches m'ont conduit, en effet, à supprimer un grand nombre d'espèces qui n'étaient pas établies d'après des caractères suffisants pour en démontrer la valeur ; mais en même temps aussi j'ai dû en créer quelques-unes qui m'ont semblé être nouvelles.

Je vais faire connaître la liste des espèces qui me paraissent devoir être adoptées par les naturalistes, et je saisirai cette occasion de faire quelques remarques sur la synonymie de plusieurs d'entre elles, ainsi que sur la place qu'elles occupent dans les dépôts de l'époque crétacée (1).

I. Genre *Radiolites*.

Les espèces, jusqu'ici assez peu nombreuses, qui composent ce genre, peuvent être réparties dans plusieurs groupes naturels fondés sur des caractères dont on peut très facilement constater la présence.

Le tableau suivant résume les caractères de ces groupes :

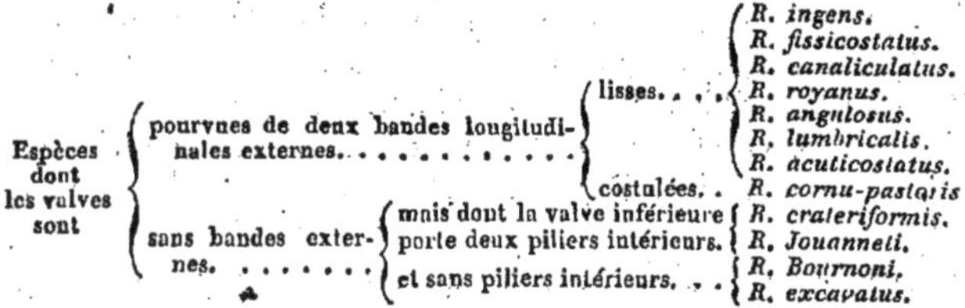

Premier groupe. — Espèces dont les valves sont pourvues de deux bandes longitudinales externes, à surface lisse.

1° *Radiolites ingens*, Des Moulins, sp.

Syn. (1826). *Sphærulites ingens*, Des Moulins. *Essai sur les Sphérul.*, p. 122, Pl. X, fig. 3, 3 A.

(1850). *Radiolites ingens*, d'Orbigny. *Prodr. de paléont.*, t. II, p. 260, n° 1001.

On trouve cette espèce dans la craie supérieure de Saint-Mametz et dans le ravin de la Vache-Pendue, vallée de la Couze (Dordogne).

---

(1) Il existe encore d'autres espèces de *Rudistes* publiées par les auteurs, et qui ne figurent pas dans cette liste; telles sont, par exemple, les espèces des terrains crétacés de l'Allemagne que MM. Geinitz et A. Rœmer ont décrites dans leurs ouvrages (*Charakteristik der Schichten und Petrefacten des Sachsischen Kreidegebirges*, par M. Geinitz, et *Die Versteinerungen des Norddeutschen Kreidegebirges*, par M. A. Rœmer). Ces espèces sont jusqu'à présent trop imparfaitement connues, pour que j'aie pu les considérer comme devant être définitivement conservées; quelques-unes d'entre elles ne sont même pas des Rudistes. Telles sont encore quelques autres espèces décrites par d'Hombres-Firmas, d'Orbigny, M. Woodward et M. F. Rœmer. Je n'ai donc pas dû admettre ces espèces dans la liste de celles qui ne me paraissent plus douteuses aujourd'hui.

Elle est constamment associée avec les *Radiolites Jouanneti*, *R. Bournoni*, *Sphærulites Toucasi*, *S. cylindraceus*, *Hippurites radiosus*, *H. Lamarckii*.

2° *Radiolites fissicostatus*, d'Orbigny, sp.

Syn. (1847). *Biradiolites fissicostata*, d'Orbigny. *Paléont. franç.*,
    terr. crétac., t. IV, p. 234, Pl. 575, fig. 1, 2, 3, 4.
  (1850). *Biradiolites fissicostata*, d'Orbigny. *Prodr. de paléont.*,
    t. II, p. 260, n° 1004.

Cette espèce se rencontre dans la craie supérieure de Talmont et de Royan (Charente-Inférieure), de La Vallette (Charente), de la rive droite de l'Isle, entre Neuvic et la Salandre (Dordogne). Les couches qui la renferment contiennent en outre les *Radiolites crateriformis*, *R. royanus*, *R. acuticostatus*, *Sphærulites Hœninghausi*, *S. Sœmanni*, *S. alatus.*

Cette espèce se trouve en outre aux Martigues et dans les environs du Beausset, département du Var; j'ignore quel horizon elle occupe dans ces contrées; mais je suis très porté à croire qu'on doit la rencontrer à un niveau stratigraphiquement plus élevé que celui où l'*Hippurites cornu-vaccinum* abonde, dans ces localités.

3° *Radiolites canaliculatus*, d'Orbigny, sp.

Syn. (1847). *Biradiolites canaliculata*, d'Orbigny. *Paléont. franç.*,
    terr. crétac., t. IV, p. 230, Pl. 572.
  (1850). *Biradiolites canaliculata*, d'Orbigny. *Prodr. de paléont.*, t. II, p. 200, n° 210.
  (1855). *Biradiolites canaliculata*, Woodward. *Quarterl. Journ. of the geol. Soc. of London*, t. XI, p. 51, fig. 19.

Cette espèce est assez rare; on la trouve dans la craie inférieure, aux Martigues (Bouches-du-Rhône) et à Gatigues, près d'Uzès (Gard). Dans cette dernière localité, elle se rencontre dans une assise calcaire, où abondent les *Sphærulites Sauvagesi*, *S. angeiodes*, *Hippurites organisans*, *H. cornu-vaccinum*.

4° *Radiolites royanus*, d'Orbigny, sp.

Syn. (1847). *Radiolites royana*, d'Orbigny. *Paléont. franç.*, *terr. crétac.*, t. IV, p. 228, Pl. 571, fig. 1, 2, 3.
  (1850). *Radiolites royana*, d'Orbigny. *Prodr. de paléont*, t. II, p. 260, n° 998.

Cette espèce se rencontre à Royan (Charente-Inférieure), à La Vallette (Charente), dans la craie supérieure, avec le *Sphœrulites Hœninghausi, S. Sœmanni, S. alatus, Radiolites fissicostatus*, et *R. acuticostatus.*

5° *Radiolites angulosus*, d'Orbigny.

Syn. (1842). *Radiolites angulosa*, d'Orbigny. *Ann. des sc. nat.*, t. XVII, p. 183.

(1847). *Radiolites angulosa*, d'Orbigny. *Paléont. franç., terr. crétac.*, t IV, p. 220, Pl. 562, fig. 1, 2, 3, 4.

(1847). *Radiolites irregularis*, d'Orbigny. *Loc. cit.*, t. IV, p. 221, Pl. 562, fig. 5, 6, 7.

(1847). *Biradiolites quadrata*, d'Orbigny. *Loc. cit.*, p. 232, Pl. 574, fig. 1 à 6.

(1847). *Biradiolites angulosa*, d'Orbigny. *Loc. cit.*, p. 233, Pl. 574, fig. 7 à 11.

(1850). *Radiolites angulosa*, d'Orbigny. *Prodr. de paléont.*, t. II, p. 199, n° 200.

(1850). *Radiolites irregularis*, d'Orbigny. *Loc. cit.*, p. 199, n° 203.

(1850). *Biradiolites quadrata*, d'Orbigny. *Loc. cit.*, p. 200, n° 211.

(1850). *Biradiolites angulosa*, d'Orbigny. *Loc. cit.*, p. 200, n° 212.

(1857). *Radiolites angulosus*, Bayle. *Journ. de conchyl.*, t. V, p. 379, Pl. XV.

On trouve cette espèce dans la craie inférieure à Pons (Charente-Inférieure), où elle est associée avec les *Sphœrulites ponsianus* et *S. Beaumonti.* On la rencontre encore à la Rochebeaucourt, à Chancelade et aux Pyles (Dordogne), dans les calcaires blancs où abonde le *Radiolites lumbricalis* et où l'on trouve aussi le *Radiolites cornupastoris.*

6° *Radiolites lumbricalis*, d'Orbigny.

Syn. (1842). *Radiolites lumbricalis*, d'Orbigny. *Ann. des sc. nat.*, t. XVII, p. 183.

(1847). *Radiolites lumbricalis*, d'Orbigny. *Paléont. franç., terr. crétac.*, t. IV, p. 214, Pl. 555, fig. 4, 5, 6, 7.

(1850). *Radiolites lumbricalis*, d'Orbigny. *Prodr. de paléont.*, t. II, p. 199, n° 191.

Cette espèce se rencontre avec une profusion véritablement incroyable dans les calcaires blancs que l'on exploite aux environs d'Angoulême, pour les constructions de cette ville. La pierre que fournissent ces calcaires en est littéralement criblée. A Chancelade, aux Pyles, sur la route de Périgueux à Limoges, cette espèce est accompagnée des *Radiolites angulosus, R. cornu-pastoris*, et du *Sphærulites Beaumonti*.

7° *Radiolites acuticostatus*, d'Orbigny.

Syn. (1842). *Radiolites acuticostata*, d'Orbigny. *Ann. des sc. nat.*,
    t. XVII, p. 185.
    (1842). *Radiolites horrida*, d'Orbigny. *Loc. cit.*, p. 185.
    (1847). *Radiolites acuticostata*, d'Orbigny. *Paléont. franç.*,
    terr. crétac., t. IV, p. 208, Pl. 550.
    (1847). *Radiolites acuticostata*, d'Orb., *Prodr. de paléont.*,
    t. II, p. 199, n. 196.

Cette espèce, toujours rare, se rencontre dans la craie supérieure de Royan, avec les *Radiolites fissicostatus, R. royanus, R. crateriformis, Sphærulites Hœninghausi, S. Sœmanni, S. alatus*. On la trouve également dans la craie des environs de Barbezieux (Charente), au-dessous de l'horizon de l'*Hippurites radiosus*. Elle a été également rencontrée aux Martigues et au Beausset; mais j'ignore dans quel horizon.

Second groupe. — Espèces dont les valves sont pourvues de deux bandes longitudinales externes, mais costulées (1).

---

(1) Les espèces qui composent le premier et le second groupe, et dont les valves sont pourvues à l'extérieur de deux bandes longitudinales, avaient été considérées par d'Orbigny comme devant constituer un genre particulier, auquel il proposa de donner le nom de *Biradiolites*. L'auteur de la *Paléontologie française* pensait que ces bandes *indiquaient une organisation particulière*, et qu'alors leur présence devait nécessairement conduire à réunir un genre particulier dans les espèces qui en sont pourvues. Malgré cela, d'Orbigny laissa parmi les vraies *Radiolites* le *Radiolites acuticostatus*, dont il eut dû faire un [*Biradiolites*, puisque les bandes existent dans cette espèce, et, bien plus, il fit d'une seule *Radiolite quatre espèces* différentes, dont deux, les *Radiolites angulosa, R. irregularis*, doivent être sans bandes, puisque ce sont des *Radiolites* pour lui, tandis que les deux autres ne portent les noms de *Biradiolites quadrata* et de *B. angulosa* que parce que leurs valves présentent les deux bandes caractéristiques de ce genre. Or, en réalité, ces quatre Rudistes ont des bandes, et doivent être réunis en une seule espèce. Il suffit de jeter un coup d'œil sur les planches 562 et 574 de la *Paléontologie française*, pour demeurer convaincu de l'identité de ces quatre types, identité

8° *Radiolites cornu-pastoris*, Des Moulins, sp.

Syn. (1826). *Hippurites cornu-pastoris*, Des Moulins. *Essai sur les Sphérul.*, p. 141, pl. X, fig. 1, 2.

     (1847). *Biradiolites cornu-pastoris*, d'Orbigny. *Paléont. franç., terr. crétac.*, t. IV, p. 231, Pl. 573.

     (1850). *Biradiolites cornu-pastoris*, d'Orbigny. *Prodr. de paléont.*, t. II, p. 200, n° 209.

     (1852). *Biradiolites cornu-pastoris*, Bronn et Rœmer, *Lethœa geognost.*, t. II, p. 259, Pl. 34 *bis*, fig. 6.

     (1855). *Radiolites cornu-pastoris*, Bayle. *Bull. de la Soc. géol. de France*, 2ᵉ série, t. XIII, p. 139, Pl. IX.

On trouve cette espèce dans les calcaires blancs à *Radiolites lum·*

---

que j'ai constatée d'ailleurs par l'examen direct des exemplaires eux-mêmes qui ont été dessinés dans ces planches.

Le genre *Biradiolites* ne doit plus être conservé, car tous les caractères fondamentaux, déduits de l'organisation des coquilles qui le composent, sont les mêmes que ceux que nous présentent les *Radiolites* sans bandes, mais ayant des piliers intérieurs, et les espèces qui n'ont ni bandes ni piliers, telles que les *R. Bournoni* et *excavatus*, par exemple.

Il ne sera pas inutile de rappeler ici que les bandes externes des *Radiolites* occupent constamment la même position sur la surface extérieure de la coquille. L'une d'elles occupe toujours le côté branchial, c'est-à-dire est placée en regard de la charnière, tandis que la seconde, au contraire, est située sur le côté anal, c'est-à-dire entre la première bande et la portion du contour de l'ouverture qui correspond à l'alvéole de la deuxième dent cardinale ; en sorte que dans l'intérieur de la coquille l'empreinte du muscle postérieur ou anal s'étale sur la paroi qui porte extérieurement la seconde bande. Les deux piliers internes du *Radiolites crateriformis* occupent dans la cavité de la valve inférieure de cette espèce une position complétement identique avec celle des bandes externes du *Radiolites cornu-pastoris*.

Les deux bandes externes de cette dernière coquille sont remplacées, chez plusieurs espèces de *Sphérulites*, par deux sinus longitudinaux qui occupent exactement la même position sur les côtés branchial et anal des valves. Ces sinus manquent chez quelques autres espèces. Si le genre *Biradiolite* devait être conservé, il faudrait de toute nécessité créer un genre *Bisphœrulites*, pour y placer les Sphérulites qui ont les deux sinus ; mais il faudrait en créer un troisième pour le *Sphœrulites triangularis*, espèce chez laquelle les sinus manquent, mais où une bande occupe, sur le côté anal de la coquille, la place du second sinus. Ces observations n'ont d'autre but que celui de faire mieux saisir toute l'importance des caractères sur lesquels les genres *Radiolites* et *Sphœrulites* me semblent devoir être définitivement fondés.

bricalis des Pyles, de Chancelade et de la Rochebeaucourt (Dordogne).

D'Orbigny l'indique à Troyes (Aube), à Sainte-Cérotte (Sarthe).

M. Triger l'a découverte à Château-du-Loir (Sarthe), dans la craie
inférieure à *Terebratula Bourgeoisi*, c'est-à-dire au-dessus de l'horizon des *Ammonites papalis* et *Deveriæ*, et au-dessous de celui de
l'*Ostrea auricularis*, avec lequel commence, dans le bassin de la
Loire, dans le sud-ouest de la France et dans la Provence, l'étage de
la craie supérieure.

Troisième groupe. — Espèces sans bandes externes, mais dont la
valve inférieure porte deux piliers internes.

9° *Radiolites crateriformis*, Des Moulins, sp.

Syn. (1826). *Sphærulites crateriformis*, Des Moulins. *Essai sur les
Sphérul.*, p. 94. Pl. I et II.
(1836). *Sphærulites crateriformis*, Deshayes in Lamarck. *Hist.
natur. des anim. sans vertèb.*, 2ᵉ édit., t. VII, p. 290.
(1847). *Radiolites crateriformis*, d'Orbigny. *Paléont. franç.,
terr. crétac.*, t. IV, p. 222, Pl. 563.
(1850). *Radiolites crateriformis*, d'Orbigny. *Prodr. de paléont.*,
t. II, p. 260, n. 993.
(1852). *Radiolites crateriformis*, Bronn et Rœmer. *Lethæa
geognost.*, t. II, p. 258.

Cette espèce se rencontre dans la craie supérieure de Royan avec
les *Sphærulites Hœninghausi, S. alatus, S. Sœmanni*, les *Radiolites
fissicostatus, R. royanus, R. acuticostatus*.

10° *Radiolites Jouanneti*, Des Moulins, sp.

Syn. (1826). *Sphærulites Jouannetii*, Des Moulins. *Essai sur les
Sphérul.*, p. 99, Pl. III, fig. 1, 2.
(1836). *Sphærulites Jouanneti*, Deshayes in Lamarck. *Hist. nat.
des anim. sans vertèb.*, 2ᵉ édit., t. VII, p. 294.
(1847). *Radiolites Jouanneti*, d'Orbigny. *Paléont. franç.. terr.
crétac.*, t. IV, p. 223, Pl. 564, fig. 1, 2.
(1850). *Radiolites Jouanneti*, d'Orbigny. *Prodr. de paléont.*,
t. II, p. 260, n° 999.
(1855). *Radiolites Jouanneti*, Bayle. *Bull. de la Soc. géol. de
France*, 2ᵉ série, t. XIII, p. 102, Pl. VI.

On trouve cette espèce dans la craie la plus supérieure du sud-
ouest, à Lanquais, dans le ravin de la Vache-Pendue, à Saint-Mametz, à Neuvic (Dordogne), au Maine-Roi et à Lamérac (Charente);

à Saint-Mametz et à Lanquais, elle est associée avec les *Radiolites ingens, R. Bournoni, Sphærulites Toucasi, S. cylindraceus, Hippurites radiosus;* au Maine-Roi et à Lamérac, avec l'*Hippurites radiosus.*

Quatrième groupe. — Espèces dont les valves sont sans bandes externes et sans piliers intérieurs.

11° *Radiolites Bournoni*, Des Moulins, sp.

Syn. (Voyez plus haut p. 648).

Cette espèce se trouve dans les assises les plus élevées de la craie du sud-ouest, à la partie supérieure des falaises de Royan et de Talmont (Charente-Inférieure), à Lanquais, à Saint-Mametz (Dordogne). Dans cette dernière localité, on rencontre avec elle les *Sphærulites cylindraceus, S. Toucasi, Radiolites ingens, R. Jouanneti, Hippurites radiosus.*

12° *Radiolites excavatus*, D'Orbigny.

Syn. (1842). *Radiolites excavata*, d'Orbigny. *Ann. des sc. nat.,* t. XVII, p. 185.
  (1847). *Radiolites excavata*, d'Orbigny. *Paléont franç., terr. crétac.*, t. IV, p. 215, Pl. 556.
  (1850). *Radiolites excavata*, d'Orbigny. *Prodr. de paléont.*, t. II, p. 199, n° 197.

On trouve cette espèce au Beausset et aux Martigues, dans les couches à *Hippurites organisans* et *cornu-vaccinum.* L'École des mines en possède plusieurs exemplaires provenant des environs du Beausset, et qui sont soudés par une portion de leur valve inférieure à des groupes d'*Hippurites organisans.*

II. Genre *Sphærulites.*

Les espèces de *Sphérulites* sont plus nombreuses que celles du genre *Radiolites;* leurs formes sont également beaucoup plus variées; les caractères qui permettent de les distinguer les unes des autres sont beaucoup plus difficiles à saisir que ceux qui servent à déterminer les *Radiolites.*

On peut, pour en faciliter l'étude, réunir les *Sphérulites* en un certain nombre de groupes, pour la plupart assez artificiels, mais qui aident cependant à classer les espèces; les caractères de ces groupes d'espèces sont sommairement indiqués dans le tableau suivant :

Espèces à lames externes lisses.	sans sinus....	avec un sillon externe correspondant à l'arête cardinale.	*S. polyconilites.*
		avec une bande externe.	*S. triangularis.*
	avec sinus....	Sinus très développés.	*S. Toucasi.* *S. Moulinsi.* *S. sinuatus.* *S. Paillettei*
		Sinus peu développés. — Coquille ailée.	*S. alatus,*
		Coquille aplatie d'un côté.	*S. Hœninghausi.* *S. Martinii.*
		Coquille à peu près circulaire.	*S. Coquandi.* *S. foliaceus.* *S. cylindraceus.* *S. Fleuriausi.* *S. Sœmanni.*
Espèces à lames externes ondulées.	sinus différents du reste de la coquille.	Sinus formant 2 bandes plissées.	*S. Sharpei.*
		Sinus formant 2 bandes lisses.	*S. angeiodes.* *S. Sauvagesi.* *S. lusitanicus.* *S. radiosus.* *S. ponsianus.* *S. Beaumonti*
	Sinus se confondant avec l'ornementation.		*S. Nouleti,* *S. squammosus.*

Premier groupe. — Espèces à lames externes lisses, sans sinus.

1° *Sphærulites polyconilites,* d'Orbigny.

Syn. (1842). *Radiolites polyconilites,* d'Orbigny. *Ann. des sc. nat.,*
t. XVII, p. 481.
(1847). *Radiolites polyconilites,* d'Orbigny. *Paléont. franç.,*
terr. crétac., t. IV, p. 203, Pl. 547.

Cette espèce se rencontre fréquemment à l'île d'Aix, à l'île Madame, à la pointe de Fourras (Charente-Inférieure), à Angoulême et à Saint-Trojan, près de Cognac. Elle y est constamment associée avec les *Sphærulites foliaceus, S. Fleuriausi, S. triangularis, Caprina adversa, C. costata, C. striata* et *C. triangularis.*

Ces espèces forment le premier horizon de Rudistes que l'on rencontre dans les dépôts crétacés du sud-ouest de la France.

Les assises de la craie inférieure, qui renferment ces Rudistes, dans le sud-ouest, correspondent aux sables crétacés du département de la Sarthe, que l'on désigne habituellement sous les noms de *grès verts du Mans;* mais elles sont incontestablement plus récentes que la craie glauconieuse de Brongniart, qui est caractérisée par les *Ammonites rothomagensis, A. varians, Turrilites costatus, Scaphites æqualis, Holaster subglobosus,* etc. Dans la Sarthe, en effet, la craie glauconieuse, définie par les fossiles que nous venons de citer, et qu'on y rencontre toujours, est incontestablement séparée de la craie tuffeau, à la base de laquelle abonde l'*Inoceramus mytiloides,* par toute l'épaisseur du grès vert du Mans, dont les marnes sableuses à *Ostrea biauriculata, O. plicata,* forment le niveau supérieur. Or, dans le sud-ouest, on n'a pas encore trouvé une seule assise renfermant l'une des espèces habituelles de la craie glauconieuse de Brongniart, tandis que le terrain crétacé y commence toujours par des couches sableuses et calcaires, terminées à leur partie supérieure par des bancs où abondent les *Ostrea biauriculata, O. plicata, O. colomba ;* les premiers dépôts crétacés du sud-ouest ne sont donc que les équivalents des grès verts du Mans, et la *craie glauconieuse* de Brongniart manque entièrement dans cette région de la France.

2° *Sphærulites triangularis*, d'Orbigny, sp.

Syn. (1842). *Radiolites triangularis*, d'Orbigny. *Ann. des sc. nat.*,
     t. XVII, p. 181.
   (1847). *Radiolites triangularis*, d'Orbigny. *Paléont. franç.*,
     terr. crétac., t. IV, p. 202, Pl. 546.
   (1850). *Radiolites triangularis*, d'Orbigny. *Prodr. de paléont.*,
     t. II, p. 174, n 566.

On trouve cette espèce à l'île d'Aix, à l'île Madame, à Fourras (Charente-Inférieure), à Angoulême ; dans la craie inférieure, elle est toujours associée avec les *Sphærulites foliaceus, S. polyconilites, S. Fleuriausi, Caprina adversa, C. striata, C. costata, C. triangularis.*

Second groupe. — Espèces à lames externes lisses, mais ayant des sinus.

3° *Sphærulites Toucasi*, d'Orbigny, sp.

Syn. (1847). *Radiolites Toucasiana*, d'Orbigny. *Paléont. franc.*,
     terr. crétac., t. IV, p. 216, Pl. 557.
   (1850). *Radiolites Toucasiana*, d'Orbigny. *Prodr. de paléont.*,
     t. II, p. 200, n° 204.

Cette espèce n'est pas rare dans la craie supérieure de Saint-Mametz (Dordogne). Elle y est associée avec les *Sphærulites cylindraceus, Radiolites ingens, R. Bournoni, R. Jouanneti, Hippurites radiosus.* C'est l'horizon qui contient les dernières espèces de Rudistes que l'on trouve dans les dépôts crétacés. Elle m'a été également envoyée par M. Toucas, des environs du Beausset, où elle est assez commune. J'ignore entièrement quelle est la position géologique de l'assise qui la renferme ; mais je suis très porté à croire que dans les environs du Beausset, il pourrait bien y avoir plusieurs horizons de Rudistes. S'il en était autrement, et si par conséquent le *Radiolites Toucasi* se rencontrait au Beausset, dans les mêmes couches que l'*Hippurites cornu-vaccinum*, cette espèce caractériserait alors deux étages de la craie ; les géologues qui étudieront avec détail la relation des diverses assises de la craie, dans la contrée, pourront seuls résoudre ce problème intéressant. Dans tous les cas, cependant, il est certain que les individus du *S. Toucasi* provenant du Beausset, et ceux que l'on trouve à Saint-Mamelz, ne peuvent appartenir qu'à une seule et même espèce.

4° *Sphærulites Moulinsi*, Matheron, sp.

Syn. (1842). *Radiolites Desmouliniana*, Matheron. *Catalogue*, p. 122, Pl. VIII, fig. 1, 2, 3, 4, 5.
    (1847). *Radiolites Desmouliniana*, d'Orbigny. *Paléont. franç.*, *terr. crétac.*, t. IV, p. 209, Pl. 551, fig. 1 (*Exclus*, fig. 2, 3, 4, 5, 6, 7).

On trouve cette espèce au Beausset, à la Cadière, aux Martigues, à Mazaugues, à Auriol, dans les quartiers de Roussargues et de Pinchinier ; les couches qui la renferment contiennent en outre les *Hippurites cornu-vaccinum*, *H. organisans*, *H. dilatatus*, *Sphærulites angeiodes*, *Radiolites excavatus*, *Caprina Aguilloni*, etc.

M. Albert Gaudry a rapporté la même espèce de Kaprena, près du mont Parnasse (Grèce) ; elle se trouve dans des calcaires argileux rougeâtres où abonde l'*Hippurites cornu-vaccinum*.

Le *Sphærulites Moulinsi* a été, pour la première fois, décrit et figuré par M. Matheron (Catal., pl. 8, p. 122). D'Orbigny, à son tour, a employé toute la planche 551 de la paléontologie française pour représenter plusieurs Rudistes qui, d'après lui, devaient être des *S. Moulinsi*. Or, la figure 1 seule se rapporte à cette dernière espèce, et encore cette figure a-t-elle été dessinée d'une manière fort inexacte. J'ai vu l'exemplaire qui a servi à la faire ; c'est un grand individu du *S. Moulinsi*, provenant des Martigues, et dont la valve supérieure est complétement altérée ; cependant l'auteur de la *Paléontologie française* n'en a pas moins fait dessiner cette valve, en lui donnant une forme aplatie et un sommet central, caractères qu'elle n'offre jamais dans cette espèce. La valve supérieure du *S. Moulinsi*, en effet, est toujours plus ou moins convexe, son sommet est rejeté en arrière vers le bord cardinal, et les lames externes y dessinent des ondulations qui correspondent aux sinus de la valve inférieure. Tous ces caractères sont représentés de la manière la plus exacte dans la figure 2 de la planche 8 de M. Matheron. Il résulte de ces observations, que la planche 551 de la *Paléontologie française* donne l'idée la plus fausse du *S. Moulinsi*, et qu'elle ne devra plus être consultée désormais par les géologues qui voudront connaître cette espèce de Sphérulite.

5° *Sphœrulites sinuatus*, d'Orbigny, sp.

Syn. (1847). *Radiolites sinuata*, d'Orbigny. *Paléont. franç.*, *terr. crétac.*, t. IV, p. 227, Pl. 570, fig. 1, 2, 3, 4 (*Exclus*, fig. 5).

Cette espèce se rencontre aux Martigues et dans les environs du Beausset; mais j'ignore encore aujourd'hui si elle fait partie de l'horizon de l'*H. cornu-vaccinum.*

Cette espèce curieuse, fort remarquable par l'épanouissement des lames externes, du côté cardinal, a été pour la première fois décrite par d'Orbigny; la planche 570 de la *Paléontologie française* en représente très exactement plusieurs individus; il faut cependant en excepter la figure 5, qui appartient à une espèce chez laquelle le côté cardinal n'est jamais aplati, comme il est dans le *S. sinuatus*, et qui diffère encore de cette dernière espèce par plusieurs autres caractères. J'appelle cette Sphérulite *S. Coquandi.*

6° *Sphœrulites Paillettei*, d'Orbigny, sp.

Syn. (1842). *Radiolites Pailletteana*, d'Orbigny. *Ann. des sc. nat.*, t. XVII, p. 184.
  (1847). *Radiolites Pailletteana*, d'Orbigny. *Paléont. franç.*, *terr. crétac.*, t. IV, p. 217, Pl. 558.
  (1850). *Radiolites Pailletteana*, d'Orbigny. *Prodr. de paléont.* t. II, p. 199, n 195

Cette espèce se rencontre d'après d'Orbigny, aux bains de Rennes, au-dessus de la source salée. Appartient-elle à l'horizon de l'*Hippurites bioculatus*, ou bien à une autre assise du terrain crétacé, c'est ce que j'ignore.

7° *Sphœrulites alatus*, d'Orbigny, sp.

Syn. (1842). *Radiolites alatu*, d'Orbigny. *Ann. des sc. nat.*, t. XVII, p. 188.
  (1847). *Radiolites alata*, d'Orbigny. *Paléont. franç.*, *terr. crétac.*, t. IV, p. 226, Pl. 569.
  (1850). *Radiolites alata*, d'Orbigny. *Prodr. de paléont.*, t. II, p. 260, n° 996.

On trouve le *S. alatus* dans la craie supérieure de Royan et de

Sourzac, associé aux *Sphærulites Hæninghausi, S. Sœmanni, Radiolites crateriformis, R. fissicostatus, R. royanus.*

8° *Sphærulites Hæninghausi*, Des Moulins.

Syn. (Voy. plus haut p. 657).

Le *S. Hæninghausi* est très commun dans la craie supérieure de Royan, de Saint-Georges de Didonne, à l'embouchure de la Gironde. Les couches qui le renferment contiennent en outre les *Sphærulites alatus*, *S. Sœmanni*, *Radiolites crateriformis*, *R. fissicostatus*, *R. royanus.*

On le trouve dans un grand nombre de localités des départements de la Charente et de la Charente-Inférieure, dans celui de la Dordogne, notamment à Sourzac, à Neuvic, à Mussidan et à Ribérac; à Saint-Mametz, on le rencontre dans les calcaires blancs, qui forment le fond de la vallée, tandis que les plateaux environnants sont couronnés par des calcaires jaunâtres friables, où abondent les *Radiolites Bournoni*, *Sphærulites cylindraceus*. L'horizon du *S. Hæninghausi* est donc inférieur à celui du *S. cylindraceus*.

9° *Sphærulites Martini*, d'Orbigny, sp.

Syn. (1842). *Radiolites Martiniana*, d'Orbigny. *Ann. des sc. nat.,* t. XVII, p. 183.
    (1847). *Radiolites Martiniana*, d'Orbigny. *Paléont. franç.,* terr. crétac., t. IV, p. 218, Pl. 559, fig. 1, 2.

Cette espèce encore fort rare provient des Martigues. Il est probable qu'elle se trouve dans la craie inférieure, au même niveau que l'*H. cornu-vaccinum*; je n'en suis pas sûr cependant.

10° *Sphærulites Coquandi*, Bayle.

Syn. (1847). *Radiolites sinuata*, d'Orbigny. *Paléont. franç., terr. crétac.,* t. IV, p. 227, Pl. 570, fig. 5 (*Exclus,* fig. 1, 2, 3, 4).

M. Coquand a découvert cette espèce à La Vallette, à Édon, à Plassac (Charente), à la base de la craie supérieure un peu au-dessus des bancs où abonde l'*Ostrea auricularis* (type) de Brongniart. C'est le premier niveau de Rudistes que l'on rencontre dans cet étage; l'horizon de l'*Hippurites cornu-vaccinum*, qui termine celui de la craie inférieure, est par conséquent au-dessous du niveau du *Sphærulites Coquandi*.

On trouve aussi cette espèce au Beausset. La figure 5 de la planche 570 de la *Paléontologie française* en représente un individu vu par le sommet de la valve inférieure, et qui provient du Beausset.

11° *Sphœrulites foliaceus*, Lamarck.

Syn. (1780). Favanne. *Conchyl.*, *ou Hist. nat. des coquilles*, pl. LXVII, fig. B. 1, 2, 3, 4.

 (1782). *Acardo*, Bruguière. *Encyclop. méthod. Vers.*, t. I, Pl. 172, fig 7, 8, 9.

 (1805). La *Sphérulite Delamétherie*, Lamarck. *Journ. de phys.*, t. LXI, p. 396, Pl. 57. fig. 12.

 (1819). *Sphœrulites foliacea*, Lamarck. *Hist. nat. des anim. sans vertèb.*, t. VI, p. 232.

 (1825). *Sphœrulites agariciformis*, Blainville. *Man. de Malacol.*, p. 516.

 (1825). *Sphœrulites foliacea*, Blainville. *Loc. cit.*, Pl. 57, fig. 1 a, b, c.

 (1826). *Sphœrulites agariciformis*, Blainville. *Dict. des sc. nat.*, t. XXXII, p. 305.

 (1826). *Sphœrulites foliacea*, Des Moulins. *Essai sur les Sphérul.*, p. 103.

 (1837). *Sphœrulites agariciformis*, Bronn. *Lethæa geognost.*, p. 630, Pl. 31, fig. 6.

 (1840) *Hippurites agariciformis*, Goldfuss. *Petrefact. Germ.*, p. 300, Pl. 164, fig. 1 a, b (*Exclus*, fig. 1 c).

 (1847). *Radiolites agariciformis*, d'Orbigny. *Paléont. franç., terr. crétac.*, t. IV, p. 200, Pl. 544, 545.

 (1850). *Radiolites agariciformis*, d'Orbigny. *Prodr. de paléont.*, t. II, p. 173, n° 565.

 (1852). *Radiolites agariciformis*, Bronn et Rœmer. *Lethæa geognost.*, t. II, p. 258, Pl. 31, fig. 6.

 (1855). *Sphœrulites foliaceus*, Bayle. *Bull. de la Soc. géol. de France*, 2° série, t. XIII, p. 71, Pl. I.

Cette espèce se rencontre fréquemment à l'île d'Aix, à l'île Madame, à la pointe de Fourras et à Pons (dans le fond de la vallée) (Charente-Inférieure), à Angoulême et à Saint-Trojan, près de Cognac ; elle est constamment associée avec les *Sphœrulites Fleuriausi*, *S. polyconilites*, *S. triangularis*, *Caprina adversa*, *C. triangularis*, *C. striata*, *C. costata*. Ces espèces forment le plus ancien horizon de Rudistes que l'on trouve dans la craie inférieure du sud-ouest.

M. Leymerie a tout récemment découvert le *Sphœrulites foliaceus*, ainsi que la *Caprina adversa*, dans les *calcaires à Dicérates* des eaux chaudes et de Sarre (Basses-Pyrénées). Cette découverte, fort intéressante, démontre que le calcaire à Dicérates de Dufrénoy est l'équivalent, dans la chaîne des Pyrénées, des couches les plus anciennes de la craie inférieure du sud-ouest, lesquelles sont caractérisées par les *Sphœrulites foliaceus, Caprina adversa*, etc., c'est-à-dire, des sables crétacés du Maine, dont la superposition aux couches de la craie glauconieuse à *Ammonites varians, Turrilites costatus*, ne peut plus être désormais contestée par les géologues, et que, par conséquent, ils sont séparés, non-seulement par les couches crayeuses à *Ammonites varians*, mais encore par les dépôts de l'époque du gault, des *calcaires à Dicérates* de la Provence et du Dauphiné, dans lesquels la *Chama ammonia* remplace la *Caprina adversa* des *calcaires à Dicérates* pyrénéens. Les calcaires à *Chama ammonia* sont placés, comme on le sait, à la partie supérieure de l'étage Néocomien.

12° *Sphœrulites cylindraceus*, Des Moulins.

Syn. (1826). *Sphœrulites cylindraceus*, Des Moulins. *Essai sur les Sphérul.*, p. 107, Pl. IV, fig. 1, 2, 3.

(1849). *Sphœrulites cylindraceus*, Sæmann. *Bull. de la Soc. géol. de France*, 2ᵉ série, t. VI, p. 280.

(1850). *Radiolites cylindracea*, d'Orbigny. *Prodr. de paléont.*, t. II, p. 260, n° 1000.

(1855). *Radiolites cylindracea*, Woodward. *Quart. Journ. of the geol. Soc. of London*, t. XI, p. 45, fig. 9, Pl. IV, fig. 1.

(1855). *Radiolites mamillaris*, Woodward. *Loc. cit.*, p. 46, fig. 10, 11, et p. 48, fig. 13, 14.

Cette espèce abonde dans la craie supérieure à Cendrieux, à Lanquais et à Saint-Mametz (Dordogne); elle y accompagne les *Sphœrulites Toucasi, Radiolites ingens, R. Bournoni, R. Jouanneti*, ainsi que l'*Hippurites radiosus*.

13° *Sphœrulites Fleuriausi*, d'Orbigny, sp.

Syn. (1842). *Radiolites Fleuriausa*, d'Orbigny. *Ann. des sc. nat.*, t. XVII, p. 181.

(1842). *Radiolites lamellosa*, d'Orbigny. *Loc. cit.*, t. XVII, p. 181.

(1847). *Radiolites Fleuriausa*, d'Orbigny. *Paléont. franç., terr. crétac.*, t. IV, p. 204, Pl. 548.

(1850). *Radiolites Fleuriausa*, d'Orbigny. *Prodr. de paléont.*, t. II, p. 174, n° 568.

Cette espèce est assez commune à l'Ile-d'Aix, à la pointe de

Fourras (Charente-Inférieure), à Angoulême et au Mans, dans la craie inférieure. Les assises qui la renferment contiennent les *Sphærulites foliaceus*, *S. triangularis*, *S. polyconilites*, *Caprina adversa*, *C. triangularis*, *C. striata*, *C. costata*.

14° *Sphærulites Sœmanni*, Bayle (1).

Cette espèce n'est pas rare à Royan (Charente-Inférieure), à Sourzac (Dordogne). Elle appartient au même horizon que le *S. Hœninghausi.*

Troisième groupe. — Espèces à lames externes ondulées, dont les valves sont pourvues de deux sinus, toujours distincts, formant deux bandes plissées dans la première espèce du groupe, mais deux bandes lisses dans toutes les autres.

15° *Sphærulites Sharpei*, Bayle.

Cette espèce a été découverte dans les calcaires marneux jaunâtres crétacés de la vallée d'Alcantara, près de Lisbonne (Portugal). Les couches qui la renferment contiennent en outre le *Sphærulites lusitanicus*, et beaucoup d'autres fossiles que M. Sharpe a décrits et figurés dans un mémoire fort intéressant (2).

Sphærulites angeiodes, Picot de Lapeirouse, sp.

Syn. (1781). *Ostracite angéiode*, Picot de Lapeirouse, *Descript. de plus. esp. d'Orthocér.*, p. 41 et 43, Pl. XII, fig. 1, 2, 3, 4, 5, Pl. XIII, fig. 1, 2, 3 A.

    (1782). *Acardo*, Bruguière, *Encyclop. méthod. Vers*, Pl. 172, fig. 1 à 6.

    (1801). *Radiolites angeiodes*, Lamarck, *Syst. des anim. sans vertéb.*, p. 130.

    (1811). *Radiolites*, Parkinson. *Organ. remains*, p. 206, t. III, Pl. 16, fig. 1.

    (1819). *Radiolites rotularis*, Lamarck. *Hist. nat. des anim. sans vertéb.*, t. VI, p. 233, n° 1.

    (1819). *Radiolites ventricosa*, Lamarck. *Loc. cit.*, t. VI, p. 233, n° 3.

---

(1) La description de cette espèce qui est nouvelle, et de plusieurs autres également mentionnées dans ce mémoire, sera donnée dans un ouvrage spécial sur les *Rudistes*, que je me propose de publier prochainement.

(2) Sharpe, *On the secondary District of Portugal which lies on the North of the Tagus.* Mémoire qui a paru dans le tome VI du *Quart. Journ. of the geol. Soc. of London*, p. 135 (1849).

Syn. (1824). *Radiolites rotularis*, de Blainville. *Dict. des sc. nat.*, t. XXXII, p. 305.

(1825). *Radiolites turbinata*, de Blainville. *Man. de Malacol.*, p. 517, Pl. 58, fig. 3, 3 *a*, 3 *b*.

(1826). *Sphærulites rotularis*, Des Moulins. *Essai sur les Sphérul.*, p. 111.

(1826). *Sphærulites turbinata*, Des Moulins. *Loc. cit.*, p. 112.

(1826). *Sphærulites ventricosa*, Des Moulins. *Loc. cit.*, p. 112.

(1826). *Sphærulites cristata*, Des Moulins. *Loc. cit.*, p. 115.

(1841). *Sphærulites ventricosa*, Rolland du Roquan. *Descript. des Rudistes*, etc., p. 61, Pl. VIII.

(1842). *Radiolites elegans*, Matheron. *Catalogue*, p. 120.

(1842). *Radiolites gallo - provincialis*, Matheron. *Loc. cit.*, p. 121, Pl. VII, fig. 3.

(1842). *Radiolites Lamarckii*, Matheron. *Loc. cit.*, p. 121, Pl. VII, fig. 4, 5.

(1842). *Radiolites mamillaris*, Matheron. *Loc. cit.*, p. 122, Pl. VII, fig. 6, 7.

(1847). *Radiolites angeiodes*, d'Orbigny. *Paléont. franc., terr. crétac.*, t. IV, p. 206, Pl. 549.

(1847). *Radiolites mamillaris*, d'Orbigny. *Loc. cit.*, t. IV, p. 218, Pl. 560, fig. 1, 2, 3, 5, 6 (*Exclus*, fig. 4).

(1850). *Radiolites angeiodes*, d'Orbigny. *Prodr. de paléont.*, t. II, p. 199, n° 194.

(1850). *Radiolites mamillaris*, d'Orbigny. *Loc. cit.*, t. II, p. 199, n° 199.

(1855). *Radiolites turbinata*, Lanza. *Bull. de la Soc. géol. de France*, 2ᵉ série, t. XIII, p. 132, Pl. VIII, fig. 1, 2, 3, 4.

Cette espèce est très commune aux Bains-de-Rennes (Corbières), au Beausset (Var) et aux Martigues (Bouches-du-Rhône) dans l'assise la plus élevée de la craie inférieure ; elle est constamment associée avec les *Hippurites cornu-vaccinum, H. organisans, H. dilatatus, H. sulcatus, H. bioculatus, Caprina Aguilloni.*

M. Lanza l'a découverte à Zara (Dalmatie) dans des calcaires blancs, où abonde l'*Hippurites cornu-vaccinum.*

On la rencontre également à Gozau, avec l'*Hippurites cornu-vaccinum* et la *Caprina Aguilloni.*

On la trouve encore à Gatigues près d'Uzès (Gard) associée avec le *Sphærulites Sauvagesi, Hippurites cornu-vaccinum, H. organisans* et *Radiolites canaliculatus.* Le *Sphærulites angeiodes* a été parfaitement représenté dans l'ouvrage de Picot de Lapeirouse. Il est peu d'espèces de *Sphérulites* qui aient reçu autant de noms spécifiques. J'ai comparé entre eux plusieurs milliers d'exemplaires de cette espèce, et je suis arrivé, en étudiant la charnière et la forme

des sinus extérieurs, à rester convaincu de l'identité spécifique des
S. angeiodes, ventricosa, rotularis, elegans, gallo-provincialis, La-
marckii et *mamillaris.* Le *S. mamillaris* en particulier n'est
qu'une variété dont les lames sont ornées de côtes un peu plus larges
que dans les *S. angeiodes,* où ces côtes sont très aiguës, mais qui
passe à ce dernier type par tous les intermédiaires imaginables.

17° *Sphærulites Sauvagesi,* d'Hombres-Firmas, sp.

Syn. (1837). *Hippurites Sauvagesii,* d'Hombres-Firmas, *Recueil de*
　　　　　　mém., t. IV, p. 176 et 193, Pl. III, fig. 1 à 8.
　　(1847). *Radiolites Sauvagesii,* d'Orbigny. *Paléont. franç., terr.*
　　　　　　crétac., t. IV, p. 211, Pl. 553, fig. 5, 6 (*Exclus,*
　　　　　　fig. 1, 2, 3, 4, 7, 8).
　　(1847). *Radiolites radiosa,* d'Orbigny. *Paléont., loc. cit.,* t. IV,
　　　　　　p. 212, Pl. 554, fig. 4 (*Exclus,* fig. 1, 2, 3, 5, 6, 7).
　　(1847). *Radiolites socialis,* d'Orbigny. *Loc. cit.,* t. IV, p. 213,
　　　　　　Pl. 555, fig. 1, 2, 3.

Cette espèce est extrêmement commune à Sautadet et à Gatigues
auprès d'Uzès (Gard). On trouve avec elle les *Hippurites cornu-*
vaccinum, *H. organisans,* *Sphærulites angeiodes* et *Radiolites*
canaliculatus.

Elle se rencontre aussi aux environs d'Angoulême et à Chancelade (Dordogne) dans des calcaires superposés aux assises à *Radiolites*
lumbricalis, mais qui sont inférieurs aux bancs de craie où abonde
l'*Ostrea auricularis* (type). Le *Sphærulites radiosus* et l'*Hippu-*
rites cornu-vaccinum se montrent au même niveau.

Le *Sphærulites Sauvagesi* a été décrit et figuré d'une manière
très reconnaissable par d'Hombres-Firmas, en 1857.

D'Orbigny a fort bien représenté un individu adulte de cette espèce
dans les figures 5 et 6 de la planche 553 de son grand ouvrage; mais
les autres figures de la même planche se rapportent à une tout autre
espèce, le *S. ponsianus.* Sous le nom spécifique de *socialis,* d'Orbigny a décrit (p. 213) et figuré (pl. 555, fig. 1, 2, 3) un groupe
d'individus qui ne sont incontestablement que de jeunes *S. Sauvagesi.*
Enfin la figure 4 de la planche 554; est attribuée à tort à un
S. radiosus; elle a été dessinée avec un exemplaire du *S. Sauvagesi*
provenant des environs d'Alais, département du Gard.

18° *Sphærulites lusitanicus,* Bayle.

On trouve cette espèce fort remarquable dans le terrain crétacé de la vallée d'Alcantara, près de Lisbonne, en Portugal ; elle s'y rencontre avec le *Sphœrulites Sharpei*.

19° *Sphœrulites radiosus*, d'Orbigny, sp.

Syn. (1847). *Radiolites radiosa*, d'Orbigny. *Paléont. franç., terr. crétac.*, t. IV, p. 212, Pl. 554, fig. 1, 2, 3 (*Exclus*, fig. 4, 5, 6, 7).

Cette espèce se rencontre aux environs d'Angoulême et à Chancelade (Dordogne) dans les assises de la craie inférieure, situées au-dessus de l'horizon des *Radiolites lumbricalis* et *R. cornu-pastoris*. Elle a été décrite pour la première fois par d'Orbigny et figurée dans la pl. 555 de la *Paléontologie française*. J'ai constaté, en examinant dans· la collection de d'Orbigny les types qui ont été dessinés, que les fig. 1, 2, 3 seules représentent le *S. radiosus*. La figure 4 a été exécutée d'après un exemplaire du *Sphœrulites Sauvagesi* (type) provenant des environs d'Alais (Gard), exemplaire écrasé d'avant en arrière, mais dont le dessinateur a su rétablir le contour, sans restaurer en même temps le moule intérieur, circonstance qui rend compte d'une particularité singulière qu'offre la figure 4, c'est-à-dire celle de représenter une coquille parfaitement bien conservée, mais dont la cavité intérieure est occupée par un moule qui est écrasé d'avant en arrière, sans cesser toutefois de la remplir tout entière ; la nature ne présente jamais une combinaison aussi étrange.

Les figures 5, 6 et 7 de la même planche, très exactement copiées sur des individus provenant de Pons, représentent une espèce nouvelle beaucoup plus voisine du *S. ponsianus* que du *S. radiosus*. J'appelle cette nouvelle espèce *S. Beaumonti*.

20° *Sphœrulites ponsianus*, d'Archiac.

Syn. (1835). *Sphœrulites ponsiana*, d'Archiac. *Mém. de la Soc. géol. de France*, t. II, p. 182, Pl. XI, fig. 6.
   (1847). *Radiolites ponsiana*, d'Orbigny. *Paléont. franç., terr. crétac.*, t. IV, p. 210, Pl. 552.
   (1847). *Radiolites Desmouliniana*, d'Orbigny. *Loc. cit.*, p. 209, Pl. 551, fig. 2, 3. 4 (*Exclus*, fig. 1, 5, 6, 7).
   (1847). *Radiolites Sauvagesii*, d'Orbigny. *Loc. cit.*, p. 211, Pl. 553, fig. 1, 2, 3, 4, 7, 8 (*Exclus*, fig. 5, 6).

Cette espèce est très abondante dans la craie inférieure de **Pons** (Charente-Inférieure) ; elle y est associée avec le *Radiolites angulosus*

Le *S. ponsianus* décrit et figuré pour la première fois, en 1835, par M. d'Archiac, a été figuré de nouveau par d'Orbigny; la planche 552 de la *Paléontologie française* représente très convenablement cette espèce. Mais quelques-unes des variétés assez nombreuses qu'elle offre ont été confondues avec d'autres espèces par le savant auteur de la *Paléontologie française.* Ainsi les figures 2, 3, 4 de la planche 551 représentent de véritables *S. ponsianus;* elles ont été dessinées d'après des individus provenant de Pons; d'Orbigny les a attribuées à tort au *S. Moulinsi*, qui se distingue du *S. ponsianus* par les caractères les plus tranchés. Il en est de même des figures 1, 2, 3, 4, 7, 8 de la planche 553. Ces figures, copiées sur des exemplaires provenant de Pons, représentent une variété du *S. ponsianus*, qui possède tous les caractères essentiels de cette espèce, mais qui diffère de la manière la plus complète du véritable *S. Sauvagesi*, tel qu'il a été compris et défini par M. d'Hombres-Firmas.

Cette observation est fort importante, attendu que les *Sphærulites Sauvagesi* et *Moulinsi* ne se rencontrent pas à Pons; on les trouve dans un horizon différent, toujours placé au-dessus de celui qui renferme les *Radiolites lumbricalis* et *Sphærulites ponsianus*.

21° Sphærulites Beaumonti, Bayle.

Syn. (1847). *Radiolites radiosa*, d'Orbigny. *Paléont. franç., terr. crétac.*, t. IV, p. 242, Pl. 554, fig. 5, 6, 7 (*Exclus*, fig. 1, 2, 3, 4).

On trouve cette espèce dans la craie inférieure à Pons (Charente-Inférieure) associée avec les *Sphærulites ponsianus* et *Radiolites angulosus*. Les calcaires blancs de la Rochebeaucourt, des Pyles et de Chancelade (Dordogne), la renferment aussi, en même temps que les *Radiolites lumbricalis*, *R. angulosus* et *R. cornu-pastoris*.

Quatrième groupe. — Espèces à lames externes ondulées, mais dont les sinus se confondent avec les autres ornements du test.

22° Sphærulites Nouleti, Bayle.

Cette espèce, dont plusieurs individus ont été donnés à l'École des Mines, par M. Noulet, professeur à l'École de médecine de Toulouse, se rencontre dans le calcaire à Hippurites des environs de Lavelanet, département de l'Ariége.

23° *Sphærulites squamosus*, d'Orbigny.

Syn. (1842). *Radiolites squamosa*, d'Orbigny. *Ann. des sc. nat.,*
t. VII, p. 185.
(1847). *Radiolites squamosa*, d'Orbigny. *Paléont. franç.,*
terr. crétac., t. IV, p. 219, Pl. 561.
(1847). *Radiolites mamillaris*, d'Orbigny. *Loc. cit.,* t. IV,
p. 218, Pl. 560, fig. 4 (*Exclus*, fig. 1, 2, 3, 5, 6).

Cette espèce se rencontre au Beausset et aux Martigues, dans
l'horizon du *Sphærulites angeiodes*. L'École des mines possède un
groupe qui présente ces deux espèces accolées l'une à l'autre.

M. Casiano de Prado l'a trouvée dans la craie à Hippurites de la
province de Léon (Espagne).

III. Genre *Hippurites*.

Les espèces de ce dernier genre ne sont pas très nombreuses; la
saillie plus ou moins prononcée que font dans l'intérieur de la coquille
l'arête cardinale et les deux piliers, l'espacement de ces trois crêtes,
fournissent des caractères très précieux pour déterminer les espèces.

1° *Hippurites cornu-vaccinum*, Bronn.

Voyez plus haut, page 665, ce que nous avons dit relativement à
la synonymie de cette espèce, et à la position qu'elle occupe dans
la craie inférieure.

2° *Hippurites Loftusi*, Woodward.

Syn. (1855). *Hippurites Loftusi*, Woodward. *Quart. Journ. of*
the geol. Soc. of London, t. XI, p. 58, Pl. III,
fig. 1, 2, 3, 4.

Cette espèce, très voisine de l'*Hippurites cornu-vaccinum*, a été
découverte par M. W. K. Loftus, dans les calcaires à Hippurites
des monts Bakhtiyaré sur la frontière Turco-Persique.

3° *Hippurites vesiculosus*, Woodward.

Syn. (1855). *Hippurites vesiculosus*, Woodward. *Quart. Journ. of*
the geol. Soc. of London, t. XI, p. 59, Pl. IV, fig. 6.

La valve inférieure seule de cette espèce est connue; son arête
cardinale saillante la rapproche de l'*Hippurites cornu-vaccinum*;

mais les deux piliers sont beaucoup plus écartés l'un de l'autre que dans cette dernière espèce.

Elle provient du calcaire à *Hippurites* des monts Bakhtiyaré, où M. Loftus l'a découverte avec les *Hippurites Loftusi* et *H. colliciatus.*

4° *Hippurites radiosus*, Des Moulins, sp.

Syn. (1826). *Hippurites radiosa*, Des Moulins. *Essai sur les Sphér.*,
          p. 141, Pl. IX, fig. 2.
    (1840). *Hippurites agariciformis*, Goldfuss. *Petrefact. German.*,
          p. 300, Pl. 464, fig 4 *c* (non fig. 4 *a*, 4 *b*).
    (1840). *Hippurites Lapeirousii*, Goldfuss. *Loc. cit.*, p. 303,
          Pl. 165, fig. 5 *a*, 5 *b*, 5 *c*, 5 *e*, 5 *f* (*Exclus*, fig. 5 *d*).
    (1842). *Hippurites Espaillaci*, d'Orbigny. *Ann. des sc. nat.*,
          t. XVII, p. 188.
    (1847). *Hippurites radiosa*, d'Orbigny. *Paléont. franç.*, *terr.*
          crétac., t. IV, p. 176, Pl. 535, fig. 1, 2, 3.
    (1847). *Hippurites Espaillaci*, d'Orbigny. *Loc. cit.*, t. IV,
          p. 177, Pl. 535, fig. 4, 5, 6.
    (1850). *Hippurites radiosa*, d'Orbigny. *Prodr. de paléont.*,
          t. II, p. 260, n° 990.
    (1850). *Hippurites Espaillaci*, d'Orbigny. *Loc. cit.*, t. II,
          p. 260, n° 991.
    (1850). *Radiolites Lapeirousii*, d'Orbigny. *Loc. cit.*, t. II,
          p. 260, n° 1003.
    (1855). *Hippurites radiosus*, Woodward. *Quart. Journ. of*
          the geol. Soc. of London, t. XI, p. 43, fig. 4, 5.
    (1855). *Hippurites radiosus*, Bayle. *Bull. de la Soc. géol. de*
          France, 2ᵉ série, t. XII, p. 772, Pl. 17, 18, 19.

Cette espèce, découverte par M. Charles Des Moulins à Cendrieux (Dordogne), se rencontre également à Saint-Mametz, dans les couches les plus élevées de la craie supérieure du sud-ouest; elle y est associée avec les *Sphærulites cylindraceus*, *S. Toucasi*, *Radiolites ingens*, *R. Bournoni* et *R. Jouanneti.*

Dans le département de la Charente, on la rencontre à Aubeterre, au Maine-Roi, près de Montmoreau, et aux environs de Lamérac, près de Barbézieux. Elle forme des bancs dans lesquels plusieurs individus sont souvent soudés les uns aux autres par une portion de leur valve inférieure; la roche où on les trouve est une craie marneuse blanche sans aucune consistance, de sorte que les *Hippurites* sont les seuls matériaux dont disposent les paysans pour construire leurs habitations; la plupart des maisons du village des Philippeaux, près de Lamérac, sont entièrement bâties avec des *Hippurites* qui pourraient faire l'ornement de toutes les collections paléontologiques du monde.

A Lamérac et au Maine-Roi, l'*Hippurites radiosus* est associé avec le *Radiolites Jouanneti* et un grand nombre de belles espèces de bryozoaires et de polypiers.

L'*Hippurites radiosus* se rencontre aussi dans la craie supérieure de Maëstricht et de Fauquemont. Il y occupe un niveau un peu au-dessus de celui où se montre le *Sphœrulites Hœninghausi*, en sorte que ces deux espèces, si abondantes dans la craie du sud-ouest, se retrouvent, à Maëstricht, malgré leur extrême rareté, dans une position géologique absolument semblable à celle qu'elles occupent dans le sud-ouest. Les couches qui les renferment contiennent en outre les fossiles que l'on trouve le plus communément dans la craie supérieure des deux Charentes et de la Dordogne.

5° *Hippurites Lamarckii*, Bayle.

Cette espèce, qui n'a jusqu'à ce jour été décrite par aucun naturaliste, se rencontre dans la craie supérieure du vallon de Peyrou, près de Beaumont (Dordogne); elle appartient au même horizon que les *Radiolites Bournoni*, *R. Jouanneti*, *Sphœrulites cylindraceus*, *S. Toucasi* et *Hippurites radiosus*.

6° *Hippurites sulcatus*, Defrance.

Syn. (1781). *Orthocératite*, Picot de Lapeirouse. *Descript. de plus. esp. d'Orthocér.*, p. 23, 25, 27, 29, 31, 33, Pl. IV, fig. 6 ; Pl. V, Pl. VI, fig. 1, 2, 3 ; Pl. VII, fig. 3 ; Pl. VIII, fig. 4, 5 ; Pl. X, fig. 1, 2, 3, 4.

(1819). *Radiolites turbinata*, Lamarck. *Hist. nat. des anim. sans vertèb.*, t. VI, p. 233.

(1821). *Hippurites sulcata*, Defrance. *Dict. des sc. nat.*, t. XXI, p. 196.

(1821). *Hippurites striata*, Defrance. *Loc. cit.*, p. 196.

(1825). *Hippurites sulcatus*, Blainville. *Manuel de Malacol.*, Pl. 58 *bis*, fig. 8.

(1826). *Hippurites striata*, Des Moulins, *Essai sur les Sphérul.*, p. 144.

(1826). *Hippurites sulcata*, Des Moulins. *Loc. cit.*, p. 145.

(1830). *Hippurites sulcata*, Deshayes. *Encycl. méthod. Vers*, t. II, p. 281, n° 2.

(1837). *Hippurites bioculata*, Bronn. *Lethœa geognost.*, p. 633, Pl. 31, fig. 1.

(1840). *Hippurites sulcatus*, Goldfuss. *Petrefact. German.*, p. 302, Pl. 165, fig. 3 *b* (non fig. 3 *a*, *c*, *d*).

Syn. (1840). *Hippurites costulatus*, Goldfuss. *Loc. cit.*, p. 302,
        Pl. 165, fig. 2 *c, d, e* (*Exclus*, fig. 2 *a*, 2 *b*).

    (1844). *Hippurites canaliculata*, Rolland du Roquan. *Descript.
        des Rudistes*, p. 50, Pl. III, fig. 2, 3, 4 ; Pl. VII,
        fig. 2.

    (1841). *Hippurites striata*, Rolland du Roquan. *Loc. cit.*,
        p. 52, Pl. IV, fig. 3 ; Pl. VII, fig. 6.

    (1844). *Hippurites sulcata*, Rolland du Roquan. *Loc. cit.*,
        p. 53, Pl. IV, fig. 2 ; Pl. VII, fig. 4.

    (1847). *Hippurites sulcata*, d'Orbigny. *Paléont. franç., terr.
        crétac.*, t. IV, p. 170, Pl. 530, fig. 1, 2 ; Pl. 531.

    (1847). *Hippurites canaliculata*, d'Orbigny. *Loc. cit.*, t. IV,
        p. 168, Pl. 530, fig. 3 à 8.

    (1850). *Hippurites sulcata*, d'Orbigny. *Prodr. de paléont.*,
        t. II, p. 198, n° 180.

    (1850). *Hippurites canaliculata*, d'Orbigny. *Loc. cit.*, p. 198,
        n° 181.

    (1852). *Hippurites canaliculatus*, Bronn et Rœmer. *Lethœa
        geognost.*, t. II, p. 245, Pl. 31, fig. 1.

Cette espèce n'est pas rare dans la craie inférieure de la Montagne-
des-Cornes (Corbières), au Beausset, à la Cadière, aux Martigues.
Elle fait partie de l'horizon de l'*Hippurites cornu-vaccinum*.

7° *Hippurites colliciatus*, Woodward.

Syn. (1855). *Hippurites colliciatus*, Woodward. *Quart. Journ. of
        the geol. Soc. of London*, t. XI, p. 58, Pl. IV, fig. 5.

Cette espèce remarquable par la grosseur des côtes longitudinales
externes dont est ornée sa valve inférieure, seule connue jusqu'à
présent, et par la faible saillie que l'arête cardinale fait dans la cavité,
a été découverte par M. Loftus, dans les calcaires à Hippurites des
monts Bakhtiyaré (frontière Turco-Persique).

8° *Hippurites organisans*, Montfort, sp.

Syn. (1784). *Orthocératite*, Picot de Lapeirouse. *Descript. de plus.
        esp. d'Orthocérat.*, p. 33, 35, Pl. X, fig. 5, 6 ;
        Pl. XI.

    (1808). *Batolites organisans*, Denys de Montfort. *Conchyl.
        systém.*, t. I, p. 334.

    (1821). *Hippurites cornu-copiæ*, Defrance. *Dict. des sc. nat.*,
        t. XXI, p. 196.

    (1821). *Hippurites resecta*, Defrance. *Loc. cit.*, t. XXI, p. 196.
    (1821). *Hippurites fistulæ*, Defrance. *Loc. cit.*, t. XXI, p. 197.
    (1826). *Hippurites resecta*, Des Moulins, *Essai sur les Sphérul.*,
        p. 444.

Syn (1826). *Hippurites fistulæ*, Des Moulins. *Loc..cit.*, p. 146.
(1826). *Hippurites organisans*, Des Moulins. *Loc. cit.*, p. 146.
(1826). *Hippurites cornu-copiæ*, Des Moulins. *Loc. cit.*, p. 144.
(1837). *Hippurites organisans*, Bronn. *Lethæa geognost.*, p. 635, Pl. 31, fig. 8.
(1837). *Hippurites fistula*, d'Hombres - Firmas. *Recueil de mém.*, t. IV. p. 179, Pl. II, fig. 3.
(1840). *Hippurites costulatus*, Goldfuss. *Petref. German.*, p. 302, Pl. 165, fig. 2 *b* (*Exclus*, fig. 2 *a*, *c*, *d*, *e*).
(1840). *Hippurites sulcatus*, Goldfuss. *Loc. cit.*, p. 302, Pl. 165, fig. 3 *c*, *d* (*Exclus*, fig. 3 *a*, *b*).
(1841). *Hippurites organisans*, Rolland du Roquan, *Descript. des Rudistes*, p. 58, Pl. VI, fig. 1 à 4; Pl. VII, fig. 1.
(1842). *Hippurites organisans*, Matheron. *Catal.*, p. 126.
(1847). *Hippurites organisans*, d'Orbigny. *Paléont. franç., terr. crétac.*, t. IV, p. 173, Pl. 533.
(1847). *Hippurites Toucasiana*, d'Orbigny. *Loc. cit.*, p. 172, Pl. 532.
(1852). *Hippurites organisans*, Bronn et Rœmer. *Lethæa geognost.*, t. II, p. 247, Pl. 31, fig. 8.
(1855). *Hippurites Toucasianus*, Woodward. *Quart. Journ. of the geol. Soc. of London*, t. XI, p. 44, fig. 6, 7.

L'*Hippurites organisans* est extrêmement commune dans les calcaires à Hippurites des Corbières, du Beausset, des Martigues; elle appartient au même horizon que l'*Hippurites cornu-vaccinum*.

Elle se trouve aussi aux environs de Jonzac et d'Angoulême, dans les calcaires qui recouvrent les calcaires blancs à *Radiolites lumbricalis*, mais au-dessous des couches caractérisées par l'*Ostrea auricularis*, Brongn.

9° *Hippurites bioculatus*, Lamarck.

Syn. (1781). *Orthocératite*, Picot de Lapeirouse. *Descript. de plus. esp. d'Orthocér.*, p. 19, 21, 23, 27, 29, Pl. II, fig. 2, 5; Pl. III, fig. 2; Pl. IV, fig. 1, 2, 3, 4, 5; Pl. VI, fig. 4; Pl. VII, fig. 1, 2, 4.
(1801). *Hippurites bioculata*, Lamarck. *Syst. des anim. sans vertéb.*, p. 104.
(1811). *Hippurites*, Parkinson. *Organ. rem.*, t. III, p. 118, Pl. VIII, fig. 5.
(1819). *Hippurites rugosa*, Lamarck. *Hist. nat. des anim. sans vertéb.*, t. VII, p. 598.
(1819). *Hippurites curva*, Lamarck. *Loc. cit.*, p. 598.
(1821). *Hippurites bioculata*, Defrance. *Dict. des sc. nat.*, t. XXI, p. 197, Pl. 58 *bis*, fig. 2.
(1825). *Hippurites cornu-copiæ*, de Blainville. *Manuel de Malacol.*, p. 517, Pl. 58 *bis*, fig. 1, 1 *a*, 1 *b*, 1 *c*.

Syn. (1825). *Hippurites bioculata*, de Blainville. *Loc. cit.*, Pl. 58 *bis*,
              fig. 2, 2 *a*.
     (1826). *Hippurites curva*, Des Moulins. *Essai sur les Sphérul.*,
              p. 143.
     (1826). *Hippurites rugosa*, Des Moulins. *Loc. cit.*, p. 143.
     (1826). *Hippurites bioculata*, Des Moulins. *Loc. cit.*, p. 145.
     (1830). *Hippurites bioculata*, Deshayes. *Encycl. méthod.*,
              Vers, t. II, p. 282, n° 5.
     (1841). *Hippurites bioculata*, Rolland du Roquan. *Descript.
              des Rudistes*, p. 47, Pl. II, fig. 1, 2, 3, 4 ; Pl. III,
              fig. 4 ; Pl. VII, fig. 3.
     (1847). *Hippurites bioculata*, d'Orbigny. *Paléont. franç.*, *terr.
              crétac.*, t. IV, p. 166, Pl. 529.

Cette espèce est très commune dans la craie inférieure des Corbières, au même niveau que les *Hippurites sulcatus*, *H. dilatatus*,
H. cornu-vaccinum, *Sphærulites angeiodes*.

10° *Hippurites dilatatus*, Defrance.

Syn. (1784). *Orthocératite*, Picot de Lapeirouse. *Descript. de plus.
              esp. d'Orthocér.*, p. 24, Pl. III, fig. 1 ; p. 29,
              Pl. VII, fig. 5 ; Pl. VIII, fig. 1, 3 ; p. 31, Pl. IX.
     (1808). *Hippurites bioculatus*, Montfort. *Conch. systém.*, p. 286.
     (1811). *Hippurites*, Parkinson. *Organ. remains*, t. III, p. 148,
              Pl. VIII, fig. 1.
     (1821). *Hippurites dilatata*, Defrance. *Dict. des sc. nat.*,
              t. XXI, p. 197.
     (1826). *Hippurites dilatata*, Des Moulins. *Essai sur les Sphér.*,
              p. 145.
     (1841). *Hippurites turgida*, Rolland du Roquan. *Descript. des
              Rudistes*, p. 55, Pl. IV, fig. 1 ; Pl. V, Pl. VII, fig. 5.
     (1842). *Hippurites sublævis*, Matheron. *Catal.*, p. 128, Pl. 10,
              fig. 1, 2.
     (1847). *Hippurites Requieniana*, d'Orbigny. *Paléont. franç.*,
              terr. crétac., t. IV, p. 175, Pl. 534, fig. 1, 2, 3, 6
              (*Exclus*, fig. 4, 5).

On trouve l'*Hippurites dilatatus* dans la craie inférieure des Corbières, associée aux *Hippurites organisans*, *H. sulcatus*, *H. bioculatus*, *H. cornu-vaccinum*, *Sphærulites angeiodes*. Elle n'est pas rare
au Beausset, à la Cadière, aux Martigues, dans les couches à *Hippurites cornu-vaccinum*.

L'*Hippurites dilatatus* a été parfaitement représenté, en 1781,
dans les planches 3, 7, 8 et 9 du bel ouvrage de Picot de Lapeirouse.
M. Rolland du Roquan en a décrit et figuré un exemplaire adulte,
sous le nom d'*Hippurites turgida*, en faisant remarquer toutefois

que Defrance avait appelé *H. dilatata* un jeune individu de cette espèce. C'est encore la même *Hippurite* que M. Matheron décrivit et figura en 1842 sous le nom d'*H. sublœvis*. M. Matheron ayant eu l'extrême obligeance de m'envoyer en communication l'exemplaire qu'il avait fait dessiner (pl. 10, fig. 1 et 2), j'ai pu m'assurer de l'identité de l'*H. sublœvis* avec l'*H. dilatatus* des Corbières ; et, si la figure 2 ne montre qu'un seul oscule, c'est que le second était encore obstrué par la gangue. Sous le nom d'*H. Requieniana*, d'Orbigny a décrit l'*H. sublœvis* de M. Matheron ; cette espèce n'est pas dépourvue d'oscules, ainsi que semblerait l'indiquer la fig. 3 (pl. 534) de la *Paléontologie française;* aucune autre espèce d'Hippurite n'en possède, au contraire, d'aussi grands. J'ai vu l'exemplaire dont la valve supérieure a été représentée par la fig. 3 ; les 2 oscules y sont masqués, ainsi que la surface d'une partie de la valve, par la gangue, ce qui n'a pas empêché d'Orbigny de faire représenter sur toute la surface de cette valve les pores extérieurs qui n'étaient visibles qu'en un seul point, et de donner, pour caractère particulier à cette espèce, celui d'avoir *une valve supérieure dépourvue d'oscules* (1), tandis que ces deux ouvertures, en rapport avec les deux piliers internes, sont très grandes dans cette *Hippurite*.

REMARQUES GÉNÉRALES.

Je viens de faire connaître les diverses espèces de *Radiolites*, de *Sphérulites* et d'*Hippurites*, sur la détermination desquelles il ne peut rester aucun doute dans mon esprit ; voyons maintenant comment elles sont réparties dans les diverses assises du terrain crétacé qui, seul jusqu'à ce jour, en a conservé les dépouilles.

Les dépôts crétacés du sud-ouest de la France permettent de bien comprendre quelle est la distribution des Rudistes, parce que dans cette contrée les espèces sont très nombreuses et s'y rencontrent à des niveaux dont on peut parfaitement définir la position relative.

Mais avant d'entreprendre cette étude, il faut tout d'abord que j'explique en peu de mots de quelle manière je comprends la composition du terrain crétacé.

Je divise le terrain crétacé en quatre grands étages, savoir :

1° L'étage néocomien.

2° L'étage du gault.

3° L'étage de la *craie inférieure.*

4° L'étage de la *craie supérieure.*

---

(1) D'Orbigny, *Paléontologie française, terrains crétacés*, t. IV, p. 175, Pl. 534, fig. 3.

Chacune de ces quatre grandes coupes de premier ordre peut à son tour être divisée en un certain nombre d'assises, caractérisées à la fois par leur position stratigraphique, et par les faunes particulières qu'elles présentent ; ces assises secondaires sont souvent représentées toutes à la fois dans une contrée, mais quelquefois aussi quelques-unes d'entre elles peuvent manquer, et, dans ce cas, l'étage dont elles font ordinairement partie est incomplet. Chacune de ces assises, offrant une faune dont la plupart des espèces lui sont spéciales, pourra être désignée par le nom de l'une ou ceux de plusieurs des espèces qui y sont le plus généralement répandues. Cette méthode, après tout, n'est rien moins que nouvelle, et dans un grand nombre de cas elle offre l'avantage incontestable de désigner une assise par une expression entièrement indépendante des variations que les circonstances locales ont pu produire dans le terrain. Ainsi, quand nous désignerons l'assise la plus ancienne de notre 3° étage par le nom de *craie à Turrilites costatus*, par exemple, nous entendrons nommer ainsi une assise dont la position géologique dans la série des dépôts crétacés sera comparable à celle que le calcaire à *Gryphée arquée* occupe parmi des assises qui composent le terrain jurassique.

Cela posé, voyons quelles sont les assises dont sont composés notre troisième et notre quatrième étages dans les bassins de la Seine, de la Loire et dans le sud-ouest de la France.

La *craie inférieure*, dans le bassin de la Seine, commence par la *craie glauconieuse* de Brongniart, que l'on peut si bien étudier au cap de la Hève, près du Havre, et à la montagne Sainte-Catherine, auprès de Rouen. On sait que sous le nom de *craie chloritée*, *craie glauconieuse*, Brongniart comprenait toutes les couches crétacées placées entre le gault et la *craie marneuse* à *Inoceramus mytiloides* ; ces couches renferment un grand nombre de fossiles qui y sont distribués avec une constance remarquable ; la plus supérieure est principalement caractérisée par les *Ammonites varians*, *A. Rothomagensis*, *Scaphites æqualis*, *Turrilites costatus*, *Ostrea conica*, *Holaster subglobosus* ; le *Pecten asper* occupe un niveau plus inférieur dans le système ; à Rouen, et dans tout le bassin de la Seine, cette première assise de la *craie inférieure* (1) est constamment recouverte par la *craie marneuse* de Brongniart, où abonde l'*Inocera-*

____

(1) Il ne sera pas inutile de faire remarquer ici que la *craie glauconieuse* de Brongniart correspond, en Angleterre, à la fois au *grès vert supérieur* (*upper green sand*), et en partie au moins à la *craie marneuse* des Anglais (*chalk-marl*) ; car c'est dans cette dernière que l'on rencontre les fossiles les plus caractéristiques des couches supé-

mus mytiloides, et cette dernière assise supporte, à son tour, la craie blanche.

Les deux assises qui composent la *craie inférieure* dans le bassin de la Seine se montrent également dans celui de la Loire; mais entre elles vient s'intercaler une troisième assise, qui manque entièrement dans le bassin de la Seine. En effet, la *craie glauconieuse* de Brongniart, caractérisée par sa faune spéciale, est constamment recouverte dans le département de la Sarthe, ainsi que dans toutes les localités du bassin de la Loire où on a pu l'observer, par une assise puissante de sable, de grès et de marne connue de la plupart des géologues sous le nom de *grès vert du Mans*. La partie supérieure de cette assise, incontestablement plus récente que la craie à *Turrilites costatus* (*craie glauconieuse* de Brongniart), est toujours formée par des marnes sableuses où l'on rencontre une accumulation prodigieuse d'*Ostrea biauriculata*, *O. plicata*, *O. columba* (1).

Cette assise des *grès verts du Mans* est recouverte par la *craie de Touraine* de Brongniart, c'est-à-dire par la *craie micacée* de M. d'Archiac (2ᵉ étage de son second groupe), dont les couches inférieures renferment l'*Inoceramus mytiloides*, fossile caractéristique de la *craie marneuse* du bassin de la Seine. Cette assise est très puissante; elle présente plusieurs niveaux, assez nettement caractérisés par les principaux fossiles qu'on y rencontre, mais ce sont des subdivisions dont je n'ai pas à m'occuper ici. La *craie de Touraine* me paraît être l'équivalent de la craie marneuse du bassin de la Seine.

La *craie inférieure* du sud-ouest de la France présente, dans sa composition, une ressemblance frappante avec celle du bassin de la Loire; mais cependant l'étage est incomplet, car l'assise la plus inférieure avec laquelle il commence dans les bassins de la Seine et de la Loire, c'est-à-dire l'assise de la craie à *Turrilites costatus*, manque complétement dans cette région.

Elle commence par une couche d'argiles lignitifères, assez déve-

rieures de la *craie glauconieuse*, savoir : les *Ammonites varians*, *A. Rothomagensis*, *Turrilites costatus*, *Scaphites æqualis*, etc.

La *craie marneuse* de Brongniart, caractérisée par l'*Inoceramus mytiloides*, correspond, à son tour, à la *craie inférieure* (*lower-chalk*) de l'Angleterre ; le *lower-chalk* est en effet caractérisé par l'*Inoceramus mytiloides* et les autres fossiles que l'on rencontre dans la *craie marneuse* de Brongniart.

(1) Ce niveau d'ostracées constitue le troisième étage du second groupe de M. d'Archiac, c'est-à-dire de son groupe de la *craie tuffeau* (voy. d'Archiac, *Hist. des progr. de la géol.*, t. IV, p. 317).

loppée à l'île d'Aix, et que M. Coquand (1), auquel on doit l'étude la plus complète qui ait été faite jusqu'à ce jour des dépôts crétacés du département de la Charente, a retrouvée, mais beaucoup plus développée, à Saint-Paulet, dans le département du Gard; à Saint-Paulet, la craie à *Turrilites costatus* se voit au-dessous des argiles lignitifères, tandis qu'à Angoulême ces dernières reposent directement sur le terrain jurassique. A ces argiles lignitifères succèdent des grès calcarifères, des calcaires argileux, et enfin des sables argileux dans lesquels abondent les *Ostrea biauriculata, O. plicata, O. columba;* ces diverses couches forment une assise entièrement comparable à celle des *grès verts du Mans.*

Cette assise est recouverte d'abord par des calcaires marneux où abonde l'*Inoceramus mytiloïdes*, auxquels succèdent des calcaires composés de diverses couches, et où l'on rencontre une prodigieuse quantité de *Radiolites lumbricalis;* ces derniers, à leur tour, sont recouverts par de nouvelles couches calcaires qui renferment une autre association d'espèces de *Rudistes.* Je considère cette assise comme représentant dans son ensemble la troisième assise de la craie inférieure du bassin de la Loire.

L'étage de la *craie supérieure*, tel que je le conçois, peut être défini de la manière suivante :

Dans le bassin de la Seine, il comprend la craie blanche et le calcaire pisolithique. Il correspond également à la *craie supérieure* (*upper-chalk*) de l'Angleterre; à la craie blanche et à la craie tuffeau qui composent la colline de Saint-Pierre à Maëstricht.

Dans le bassin de la Loire, cet étage commence avec la craie où se montre l'*Ostrea auricularis*, c'est-à-dire avec le premier étage (craie jaune de Touraine) du groupe de la craie tuffeau de M. d'Archiac. Mais, dans le bassin de la Loire, l'étage de la *craie supérieure* est loin d'être aussi complet que dans celui de la Seine; les couches plus élevées qu'il présente sont incontestablement inférieures à celles de la craie blanche de Meudon, à *Belemnites mucronatus.*

Dans le sud-ouest, l'étage de la *craie supérieure* est extrêmement développé; il commence par des couches sableuses, passant bientôt à d'autres couches crayeuses grises, souvent micacées, à la base desquelles abonde l'*Ostrea auricularis*, fossile si caractéristique de la *craie jaune de Touraine* de M. d'Archiac; à ces couches qui atteignent une fort grande puissance dans le département de la Dordogne succèdent d'autres couches composées de calcaires blancs

---

(1) Coquand, *Notice sur la formation crétacée du département de la Charente* (*Bull. de la Soc. géol. de France*, t. XIV, p. 55, 1856).

marneux, dans lesquels l'*Ostrea vesicularis* remplace l'*Ostrea auricularis* dont nous venons de signaler l'existence à un niveau plus inférieur. Des calcaires blancs et très souvent jaunâtres couronnent cet étage à sa partie supérieure ; la craie supérieure correspond donc à l'étage des *calcaires jaunes supérieurs* et à celui de la *craie grise marneuse* ou *glauconieuse* et *micacée*, dont M. d'Archiac (1) fait

---

(1) Le groupe de la *craie tuffeau*, dont M. d'Archiac fait une division de premier ordre dans sa classification des formations crétacées, a été subdivisé par le savant académicien en quatre étages dans le bassin de la Loire, et la zone crétacée du sud-ouest elle-même a été partagée en quatre étages. Voici quels sont ces étages :

Groupe de la craie tuffeau dans le bassin de la Loire.	1er étage.	Craie jaune de Touraine (*tuffeau* de Touraine).
	2e étage.	Craie micacée, avec ou sans silex (*tuffeau* de l'Anjou, *bille et pierre de Bouré*, Touraine).
	3e étage.	Psammites, glaises, grès grossier, glauconieux, et marnes à ostracées.
	4e étage.	Grès vert.
Zone crétacée du sud-ouest.	1er étage.	Calcaires jaunes supérieurs.
	2e étage.	Craie grise, marneuse, ou glauconieuse et micacée.
	3e étage.	1° Calcaires blancs ou jaunâtres, à Rudistes. 2° Calcaires marneux, gris blanc ou jaunâtres. 3° Calcaires marneux, jaunâtres, avec Ammonites et ostracées.
	4e étage.	1° Calcaires à Ichthyosarcolites. 2° Sables et grès verts ou ferrugineux. 3° Calcaires et grès calcarifères, avec échinodermes. 4° Argiles pyriteuses et lignites.

M. d'Archiac, cherchant ensuite, à comparer la zone crétacée du sud-ouest avec les dépôts correspondants dans le bassin de la Loire (voy. p. 458), regarde le 3e étage du sud-ouest, dont la base est formée par les bancs à *ostracées*, comme étant l'équivalent, beaucoup plus développé et plus varié, du 3e étage des bords de la Loire, celui des psammites, des glaises, et des grès grossiers, glauconieux. Il admet que le 2e étage du sud-ouest correspond à celui de la craie micacée (2e étage des bords de la Loire), et enfin que le premier est l'équivalent de la craie jaune de Touraine.

Ces rapprochements ne me paraissent pas de nature à être acceptés par les géologues ; ils ne sont justifiés ni par la position stratigraphique des étages ni par la composition des faunes dont ils recèlent les dépouilles.

Quand on étudie en effet avec attention les coupes nombreuses données par M. d'Archiac, et qu'on se rend un compte bien exact de la position que les fossiles, dont la détermination spécifique a été faite avec exactitude, occupent dans les diverses couches composant les étages des bords de la Loire et du sud-ouest, on ne tarde pas à se former une conviction que l'on peut formuler en peu de mots de la manière suivante :

Le 3e étage du bassin de la Loire, composé de glaises, de grès et de marnes sableuses où abondent les *Ostrea biauriculata*, *columba* et *plicata*, ne représente que la partie la plus inférieure du 3e étage

son premier et son deuxième étages de la zone crétacée du sud-ouest.

Je puis maintenant chercher à définir la position que les espèces de Rudistes occupent dans la craie.

Ces animaux se rencontrent rarement isolés; ils vivaient en familles nombreuses, formant dans la mer crétacée des bancs souvent très étendus. Chacun de ces bancs est quelquefois composé d'une seule espèce, mais il arrive aussi que plusieurs espèces différentes sont réunies dans le même banc. Dans les dépôts crétacés, les Rudistes se montrent à différents niveaux, et chacun de ces horizons renferme des espèces spéciales, en sorte que les diverses zones de Rudistes fournissent un élément précieux pour la classification des assises de la craie. La zone crétacée du sud-ouest renferme presque tous les horizons de Rudistes connus jusqu'ici.

On peut désigner les différents horizons de Rudistes par leurs numéros d'ordre respectifs, mais je préfère distinguer chacun d'eux

---

du sud-ouest et non cet étage tout entier, c'est-à-dire qu'il correspond aux marnes sableuses caractérisées par les mêmes espèces d'Huîtres que sur les bords de la Loire. Les calcaires marneux, qui recouvrent ces marnes à ostracées dans le sud-ouest, ne renferment pas seulement des Ammonites, mais l'*Inoceramus mytiloides* y est très commun. Ces calcaires sont donc placés, par rapport aux couches à ostracées, exactement de la même manière que le sont, dans le bassin de la Loire, les premières couches de la craie micacée, où l'*Inoceramus mytiloides* n'est pas plus rare que dans la Charente.

Le deuxième étage du sud-ouest est caractérisé par une faune spéciale, dont les espèces les plus communes se retrouvent toutes dans la craie jaune de Touraine (1er étage), tandis qu'aucune d'elles ne se rencontre dans la craie micacée (2e étage du bassin de la Loire). L'*Ostrea auricularis* joue à la partie inférieure de la craie jaune de Touraine le même rôle qu'à la base de la craie micacée du sud-ouest; d'où il résulte que la craie micacée du bassin de la Loire, placée entre les couches à *Ostrea biauriculata* (3e étage) d'une part et celles qui renferment l'*Ostrea auricularis* (1er étage) d'autre part, occupe dans ce bassin une position géologique entièrement analogue à celle où sont situés, dans le sud-ouest, les calcaires marneux, jaunâtres, avec *Inoceramus mytiloides*, et les calcaires blancs à Rudistes, qui sont compris eux-mêmes entre les marnes à *Ostrea biauriculata* (base du 3e étage) et les couches à *Ostrea auricularis* (base du 2e étage).

Ainsi, pour me résumer, c'est le troisième étage du sud-ouest tout entier qui, selon moi, correspondrait à la fois au troisième et au second étage du bassin de la Loire, tandis que le second étage du sud-ouest serait parallèle à la craie jaune de Touraine, c'est-à-dire au premier étage du bassin de la Loire.

par le nom de l'une des espèces qui s'y rencontrent ; cette méthode présente l'avantage, lorsqu'une nouvelle zone vient à être découverte, de ne pas obliger à changer le numéro d'ordre de tous les autres horizons.

Les premiers Rudistes qui apparaissent dans le terrain crétacé se rencontrent dans les calcaires à *Chama ammonia* qui forment, en Provence et dans les Alpes, la partie supérieure de l'étage néocomien.

Ces calcaires renferment, en effet, deux espèces dont d'Orbigny a fait ses *Radiolites marticencis* et *Radiolites neocomiensis*.

L'existence de ces deux espèces me paraît encore fort problématique. Elles ont été fondées par d'Orbigny sur de nombreux fragments empâtés dans un calcaire compacte très dur, fragments à l'aide desquels ont été dessinées les figures de la planche 543 de la *Paléontologie française*.

Or, on ne connaît pas encore l'appareil cardinal, ni le système musculaire de ces coquilles ; en sorte que rien ne prouve jusqu'à présent que ce soient de vrais *Rudistes* ; et, dans le cas où ces coquilles auraient appartenu à des *Rudistes*, on ne pourrait pas savoir si ce sont des *Radiolites* ou des *Sphærulites*.

C'est donc avec la plus grande réserve que j'admets l'existence de ces deux espèces et que, par suite, je considère les calcaires à *Chama ammonia* (1) de la Provence et des Alpes comme offrant le premier niveau de Rudistes.

Le gault et les argiles à Plicatules' placées à la base de cette dernière assise n'ont jusqu'à présent fourni aucune espèce de Rudistes.

---

(1) Ce fossile, désigné pour la première fois sous le nom de *Diceras*, est devenu successivement une *Chama* pour Goldfuss, une *Caprotina* pour d'Orbigny, une *Requienia* pour M. Matheron, et enfin une *Requienia* pour M. d'Orbigny lui-même. Il est résulté de tous ces changements de noms que les géologues ont tour à tour employé les expressions de calcaire à *Dicérates*, calcaire à *Chama ammonia*, calcaire à *Caprotines* et de calcaire à *Requienies*, pour désigner une même assise de l'étage néocomien. Ce fossile, d'abord classé parmi les *Dicérates* ou les *Cames*, n'est pas un Rudiste ; c'est, au contraire, une véritable *Came*. J'adopte donc l'expression de calcaire à *Chama ammonia*, pour désigner l'assise néocomienne qui renferme cette espèce, de préférence à celle de *calcaire à Dicérates*, parce que le *calcaire à Discérates* des Pyrénées n'est pas l'équivalent du calcaire à *Chama ammonia* de la Provence ; il est plus récent que ce dernier, et de même âge que le grès vert d'Angoulême ou que le grès vert du Mans, c'est-à-dire supérieur à la *craie glauconieuse* à *Turrilites costatus*.

La *craie inférieure* contient un grand nombre d'espèces de Rudistes qui forment quatre horizons distincts dans cet étage.

Le premier n'a présenté jusqu'à présent qu'une seule espèce dont
les rares exemplaires ont été trouvés au cap de la Hève près du
avre, dans la craie à *Turrilites costatus, Ammonites varians,* et
dans le grès vert supérieur de l'Angleterre, assise plus ancienne que
toute la série des dépôts crétacés du sud-ouest.

Cette espèce, à laquelle M. Woodward (1) a donné le nom de
Radiolites Mantelli, est encore très mal connue ; l'exemplaire décrit
se compose d'un groupe de deux valves inférieures accolées l'une à
l'autre, mais en partie brisées et complétement dépouillées des
lames internes du test. Dans l'une des deux, M. Woodward signale
l'existence d'un sillon étroit (*narrow ligamental furrow*) qui correspondait peut-être à une arête cardinale; s'il en était ainsi,
l'espèce appartiendrait au genre *Sphærulites*, ce qui me paraît être
assez probable.

Mais les Rudistes commencent à se montrer en grand nombre dans
l'assise des *grès verts d'Angoulême* ou des *grès verts du Mans,* c'està-dire dans la série des couches crétacées géologiquement placées
au-dessus de la craie à *Turrilites costatus* (craie *chloritée* de Brongniart) et dont les bancs à ostracées (*Ostrea biauriculata, O. plicata*)
forment la couche supérieure.

Les espèces qui composent ce deuxième horizon de Rudistes, que
nous appellerons horizon du *Sphærulites foliaceus,* sont les suivantes :

> *Sphærulites foliaceus,* Lamarck.
> — *Fleuriausi,* d'Orbigny (sp.).
> — *triangularis,* d'Orbigny (sp.).
> — *polyconilites,* d'Orbigny (sp.).
> *Caprina adversa,* d'Orbigny.
> — *costata,* d'Orbigny (sp.).
> — *striata,* d'Orbigny (sp.).
> — *triangularis,* d'Orbigny (sp.).

Toutes ces espèces se rencontrent dans la zone crétacée du sud-
ouest; mais quelques-unes d'entre elles ont été trouvées aux environs du Mans dans les couches sableuses situées au-dessous des
marnes à *Ostrea biauriculata* : ce sont les *Sphærulites Fleuriausi,
Caprina striata, C. costata* (2).

______

(1) Woodward, *Quart. Journ. of the geol. Soc. of London,* t. XI,
p. 60, Pl. V, fig. 4 (1855).

(2) J'ai vu au Mans, dans la collection de M. Guéranger, un frag-

Les *Sphærulites foliaceus* et la *Caprina adversa* ont été décou-
verts par M. Leymerie (1) dans le *calcaire à Dicérates* des environs
de Sarre (Basses-Pyrénées). Nous avons déjà dit plus haut que ces
calcaires nous paraissent devoir être considérés comme étant con-
temporains de l'assise des grès verts du *Maine*, et nullement des
calcaires à *Chama ammonia* de la Provence.

Tous les genres de *Rudistes* ne sont pas représentés dans l'horizon du *S. foliaceus*. On n'y a pas encore rencontré une seule
espèce de *Radiolite* ni une seule *Hippurite*. On remarquera en
outre, que les *Caprina adversa* et *triangularis* sont les espèces du
genre Caprine qui atteignent la plus grande taille, et qu'il en est de
même du *S. foliaceus*

Le troisième niveau de Rudistes qu'offre la *craie inférieure*, dans
le sud-ouest, correspond à la série des calcaires subcristallins en
plaquettes, des calcaires durs, saccharoïdes (pierre à paver d'Angoulême) et des calcaires blancs, très tendres, que l'on exploite pour
pierre à bâtir dans tous les environs d'Angoulême, série dont la base,
composée de calcaires marneux caractérisés par l'*Inoceramus mytiloïdes*, repose sur les couches à *Ostrea biauriculata* qui elles-
mêmes forment la partie supérieure des grès verts d'Angoulême.

Cet horizon renferme les espèces suivantes :

> *Sphærulites ponsianus*, d'Archiac.
> — *Beaumonti*, Bayle.
> *Radiolites lumbricalis*, d'Orbigny.
> — *angulosus*, d'Orbigny,
> — *cornu-pastoris*, Des Moulins (sp.).

Deux espèces appartenant à ce troisième niveau de Rudistes,
que je propose d'appeler horizon du *Radiolites cornu-pastoris*, ont
été trouvées en dehors de la zone crétacée du sud-ouest, dans le
bassin de la Loire.

D'Orbigny signale, en effet, la présence du *Sphærulites ponsianus*,
à Sainte-Cérotte et à Évaillé, département de la Sarthe, et celle du
Radiolites cornu-pastoris à Sainte-Cérotte. M. Triger a découvert
cette dernière espèce à Château-du-Loir (Sarthe) dans la craie à
Terebratula Bourgeoisi, qui fait partie de la *craie de Touraine*
de Brongniart ou de la *craie micacée* (2ᵉ étage du groupe de la craie

---

ment d'*Ichthyosarcolite* qui pourrait bien appartenir à la *C. triangularis* ou à une autre grande espèce de *Caprine*.

(1) Leymerie, *Consid. géognost. sur les Échin. des Pyrénées*
(*Bull. de la Soc. géol. de France*, 2ᵉ série, t. XIII, p. 355, 1856).

tuffeau de M. d'Archiac) (1). L'École des mines en possède un exemplaire provenant de la craie micacée des environs de Saumur. On voit donc que dans le bassin de la Loire, où l'on ne rencontre qu'un fort petit nombre d'espèces de Rudistes dont les rares individus sont, pour ainsi dire, égarés au milieu des dépôts crétacés de ce bassin, ces espèces n'en occupent pas moins des niveaux entièrement parallèles à ceux qui renferment une si prodigieuse accumulation d'individus dans la zone du sud-ouest.

Il faut remarquer aussi que l'horizon du *R. cornu-pastoris* ne renferme pas encore d'*Hippurites*, et que les *Caprines* du second horizon ont cédé dans celui-ci la place aux *Radiolites*.

La craie inférieure, dans le sud-ouest, se termine par une assise composée de diverses couches calcaires, au nombre desquelles se trouve celle du calcaire solide, appelé *chaudron* par les ouvriers qui exploitent les nombreuses carrières ouvertes aux environs d'Angoulême; un nouvel horizon, qui sera le quatrième et le dernier de la *craie inférieure*, apparaît dans ces calcaires. Il se compose d'espèces particulières, dont aucune ne descend dans l'horizon du *R. cornu-pastoris*.

Les espèces qui composent cet horizon sont les suivantes :

> *Sphærulites radiosus*, d'Orbigny (sp.).
> — *Sauvagesi*, d'Hombres-Firmas (sp.).
> *Hippurites organisans*, Montfort (sp.).
> — *cornu-vaccinum*, Bronn.

On les rencontre dans un très grand nombre de points de la zone crétacée du sud-ouest; jusqu'à ce jour, ce sont les seuls Rudistes qui se montrent à ce niveau dans cette région.

Mais cette zone de Rudistes se retrouve, avec des espèces plus nombreuses, dans la formation crétacée de presque toutes les contrées de l'Europe, de l'Afrique et même de l'Asie Mineure, qui entourent le grand bassin de la Méditerranée, depuis les Pyrénées jusqu'aux montagnes qui séparent la Turquie de la Perse; elle constitue l'horizon le plus constant qu'on puisse signaler dans le terrain crétacé. Plusieurs des Rudistes de cette zone ne se rencontrent que dans quelques points seulement de son étendue; d'autres, au contraire, s'y

____

(1) La présence du *Radiolites cornu-pastoris* dans la craie micacée du bassin de la Loire est un fait de plus à ajouter à ceux qui établissent que les *calcaires blancs à Rudistes* de M. d'Archiac (3e étage du sud-ouest) sont parallèles à la *craie micacée* du bassin de la Loire (2e étage du groupe de la *craie tuffeau*) et non au 3e étage de ce groupe.

montrent partout ; tel est, par exemple l'*Hippurites cornu-vaccinum ;*
aussi le nom de cette espèce pourra-t-il être employé pour désigner cet horizon de Rudistes, le plus remarquable de tous, à cause
de l'immense étendue géographique où il a été rencontré jusqu'à
ce jour.

L'horizon de l'*Hippurites cornu-vaccinum* comprendra donc les
espèces suivantes :

> *Sphærulites radiosus,* d'Orbigny (sp.).
> — *Moulinsi,* Matheron (sp.).
> — *angeiodes,* Lapeirouse (sp.).
> — *Sauvagesi,* d'Hombres-Firmas (sp.).
> — *squamosus,* d'Orbigny (sp.).
> — *Nouleti,* Bayle.
> — *sinuatus,* d'Orbigny (sp.).
> — *Martini,* d'Orbigny (sp.).
> — *Paillettei,* d'Orbigny (sp.).
> *Radiolites excavatus,* d'Orbigny.
> — *canaliculatus,* d'Orbiguy (sp.).
> *Hippurites cornu-vaccinum,* Bronn.
> — *dilatatus,* Defrance.
> — *sulcatus,* Defrance.
> — *bioculatus,* Lamarck.
> — *organisans,* Montfort (sp.).
> *Caprina Aguilloni,* d'Orbigny.
> — *Boissyi,* d'Orbigny (sp.).
> — *Coquandi,* d'Orbigny.

On voit le genre *Hippurites* apparaître pour la première fois dans
ce dernier horizon de Rudistes de la *craie inférieure,* et les *Caprines*
s'y montrer de nouveau ; les *Radiolites* et surtout les *Sphérulites*
y sont également représentées par des espèces aussi nombreuses que
variées.

Aucune espèce appartenant à cet horizon n'a été trouvée jusqu'à
ce jour, au moins à ma connaissance, en dehors de la zone crétacée
du sud-ouest et des régions circum-méditerranéennes ; si cependant
il en existe dans le bassin de la Loire, par exemple, je suis porté à
croire qu'on les découvrira dans les couches de la craie micacée, qui
sont situées immédiatement au-dessous de la craie à *Ostrea auricularis* (1).

L'étage de la *craie supérieure,* à son tour, renferme un assez

______

(1) L'horizon de l'*Hippurites cornu-vaccinum* et celui du *Radiolites cornu-pastoris,* qui occupe constamment un niveau inférieur au
premier, représentent la *troisième zone* de *Rudistes* de d'Orbigny,

grand nombre d'espèces de Rudistes, qui y forment trois horizons différents.

L'assise la plus inférieure de cet étage dans le sud-ouest commence par des grès et des sables qui servent de base à une craie tantôt solide, tantôt tendre, et souvent aussi très micacée; l'*Ostrea auricularis* abonde à la partie inférieure de cette assise. Une espèce de Rudiste, le *Sphærulites Coquandi* (1), se montre dans cette assise; elle y joue le rôle que le *Radiolites? Mantelli* remplit dans la *craie glauconieuse.*

Mais cette première assise est recouverte dans le sud-ouest par une seconde, où se montrent l'*Ostrea larva* et une incroyable accumulation d'*Ostrea vesicularis;* un second niveau de Rudistes correspond à cette nouvelle assise; il se compose des espèces suivantes :

> *Sphærulites Hæninghausi*, Des Moulins.
> — *Sæmanni*, Bayle.
> — *alatus*, d'Orbigny (sp.).
> *Radiolites fissicostatus*, d'Orbigny (sp.).
> — *royanus*, d'Orbigny.
> — *crateriformis*, Des Moulins (sp.).
> — *acuticostatus*, d'Orbigny.

On voit que cette zone, que nous appellerons horizon du *S. Hæninghausi*, ne contient plus d'*Hippurites* ni de *Caprines.*

L'étage de la craie supérieure se termine dans le sud-ouest par une dernière assise qui est principalement développée dans le département de la Dordogne, et ne forme que des lambeaux isolés, reposant sur la craie à *S. Hæninghausi*, dans celui de la Charente. Cette assise renferme les derniers Rudistes qui ont vécu dans la mer crétacée.

---

zone dépendant de son *étage turonien.* D'Orbigny avait donc confondu ces deux horizons en un seul ; il avait été conduit à ne voir qu'une seule et même zone dans ces deux niveaux de Rudistes qui n'ont entre eux aucune espèce commune, par suite de l'erreur qu'il avait commise en prenant des *S. ponsianus* pour des *S. Moulinsi* et *Sauvagesi*, erreur dont la conséquence nécessaire avait été d'obliger ce géologue à admettre le synchronisme d'assises qui renfermaient des espèces identiques pour lui.

(1) C'est l'espèce que M. Coquand avait cru être identique avec le *R. sinuata*, d'Orbigny, et qui forme son cinquième horizon de Rudistes. Voyez Coquand, *Notice sur la formation crétacée du département de la Charente* (*Bull. de la Soc. géol. de France*, 2ᵉ série, t. XIV, p. 59, 1856).

Ce sont les espèces suivantes :

Sphærulites cylindraceus, Des Moulins.
— *Toucasi,* d'Orbigny (sp.).
Radiolites Bournoni, Des Moulins (sp.).
— *ingens,* Des Moulins (sp.).
— *Jouanneti,* Des Moulins (sp.).
Hippurites radiosus, Des Moulins.
— *Lamarckii,* Bayle.

Ce dernier niveau de Rudistes, que j'appellerai horizon du *Radiolites Bournoni,* est représenté en dehors de la zone crétacée du sud-ouest. L'*Hippurites radiosus* se rencontre, en effet, dans la colline de Saint-Pierre, près de Maëstricht, dans des couches crayeuses qui, par leur position géologique et la série des espèces fossiles qu'elles contiennent, me paraissent devoir être mises en parallèle avec la partie supérieure des dépôts crétacés du sud-ouest.

On rencontre également dans la Provence les *Radiolites fissicostatus* et le *Sphærulites Toucasi ;* mais, jusqu'à présent, aucun géologue n'a indiqué d'une manière précise la place qu'occupent ces espèces dans la craie de la contrée ; il serait fort intéressant de vérifier si elles s'y trouvent à des niveaux situés, par rapport à l'horizon de l'*Hippurites cornu-vaccinum,* comme le sont ceux qui les renferment dans le sud-ouest.

Nous voyons donc que, si l'on excepte l'horizon du *Radiolites neocomiensis* et celui du *Sphærulites Mantelli,* qui appartiennent, le premier à l'étage néocomien, et le second à une assise de la craie inférieure, qui manque dans le sud-ouest, cette région de la France renferme les six autres horizons de Rudistes reconnus jusqu'à ce jour dans les dépôts crétacés. Sur ces six horizons, celui du *Sphærulites foliaceus* se retrouve dans la chaîne des Pyrénées et dans le bassin de la Loire, celui du *Radiolites cornu-pastoris,* dans ce dernier bassin, et ceux du *S. Hœninghausi* et du *R. Bournoni* existent également dans la craie de Maëstricht ; mais l'horizon de l'*Hippurites cornu-vaccinum* est le seul que l'on rencontre en même temps dans un grand nombre de contrées ; il fournit un niveau d'autant plus précieux pour la classification des terrains crétacés, que cet horizon correspond à l'assise la plus récente de l'étage de la *craie inférieure.*

On peut encore faire quelques remarques intéressantes sur la manière dont se répartissent les espèces de *Rudistes* entre les sept horizons (1) qu'elles forment dans les étages de la *craie inférieure* et de

---

(1) Je ne tiens pas compte de cet exposé des espèces de Rudistes

la *craie supérieure*. On voit, en effet, que le genre *Sphærulites* (1) seul offre des espèces dans tous les horizons; la plus grande espèce connue appartient au second horizon, et les plus variées au quatrième. Les *Caprines* se rencontrent dans le second et le quatrième, mais elles manquent dans les 5ᵉ, 6ᵉ et 7ᵉ; les *Radiolites* qui commencent dans le troisième sont à peu près aussi nombreuses dans le 4ᵉ; elles disparaissent dans le 5ᵉ, pour reparaître avec le 6ᵉ et se continuer dans le 7ᵉ, où certaines espèces atteignent une taille considérable. Les *Hippurites* ne se rencontrent que dans le 4ᵉ et le 7ᵉ, et dans le 4ᵉ seulement les espèces de ce genre sont nombreuses; aussi, l'assise qui renferme l'horizon de l'*H. cornu-vaccinum* mérite-t-elle de conserver le nom de *craie à Hippurites*, sous lequel la plupart des géologues l'ont désignée jusqu'ici. Il résulte de tous ces faits, que c'est à la fois dans l'assise la plus élevée des deux étages de la craie que se trouvent les Rudistes offrant les formes les plus variées, quoique cependant le type Caprine n'appartienne qu'à l'étage de la craie inférieure seulement. Le tableau suivant permettra de mieux saisir les relations que nous venons d'indiquer :

		SPHÆRULITES.	RADIOLITES	HIPPURITES.	CAPRINA.
Étage de la craie supérieure.	7° Horizon du *Radiolites Bournoni*.	xiste.	Existe. . .	Existe. . .	Manque.
	6° Horizon du *Sphærulites Hœninghausi*. .	Existe.	Existe. . .	Manque. .	Manque.
	5° Horizon du *Sphærulites Coquandi*. . . .	Existe.	Manque. .	Manque. .	Manque.
Étage de la craie inférieure.	4° Horizon de l'*Hippurites cornu-vaccinum*.	Existe.	Existe. . .	Existe. . .	Existe.
	3° Horizon du *Radiolites cornu pastoris*. . . .	Existe.	Existe. . .	Manque. .	Manque.
	2° Horizon du *Sphærulites foliaceus*. . . .	Existe.	Manque. .	Manque. .	Existe.
	1° Horizon du *Sphærulites Mantelli*. . . .	Existe.	Manque. .	Manque. .	Manque.

L'Europe, l'Asie Mineure et le nord de l'Afrique ne sont pas les seules contrées où l'on ait trouvé des *Rudistes*. Les terrains crétacés du Texas en renferment quelques espèces. Elles ont été découvertes par M. F. Rœmer, qui les a décrites dans un mémoire très intéres-

---

que le calcaire à *Chama ammonia* renferme, d'après M. d'Orbigny; car, ainsi que je l'ai dit plus haut, l'existence de ces espèces, au moins quant à présent, me paraît être fort problématique.

(1) Je suppose également que le *Radiolites Mantelli* est une *Sphérulite*, autant que j'en puis juger par la description que M. Woodward a donnée de cette espèce.

sant (1); ces espèces ne sont pas toutes également bien connues, mais il n'en est pas moins remarquable de voir qu'elles reproduisent dans cette contrée lointaine les formes les plus habituelles à nos Rudistes d'Europe; ce sont en effet des *Radiolites*, des *Sphærulites* et des *Caprines*, et non des types appartenant à des genres nouveaux.

Je terminerai ce mémoire, déjà beaucoup trop étendu, en rappelant que le terrain crétacé du sud-ouest et des contrées voisines de la Méditerranée seul renferme cette prodigieuse accumulation d'individus que nous offrent la plupart des espèces de Rudistes ; les dépôts crétacés du nord de la France et de l'Europe, au contraire, n'ont jusqu'ici fourni qu'un très petit nombre d'espèces représentées par de très rares individus. C'était donc dans la mer crétacée des régions méridionales que ces animaux rencontraient le milieu le plus favorable à leur développement, tandis que dans la mer crétacée du nord, des causes particulières qui, pendant longtemps encore, resteront inconnues des géologues, s'opposaient à la propagation de ces animaux, circonstance d'autant plus singulière que la mer crétacée du nord de l'Europe nourrissait la plupart des espèces de Mollusques céphalopodes, gastéropodes et acéphalés, de Brachiopodes et de Zoophytes qui peuplaient en même temps la mer crétacée des contrées méridionales.

Mais un fait important n'en restera pas moins acquis à la science : c'est que les rares individus appartenant aux espèces de *Rudistes* que l'on trouve dans les dépôts crétacés du nord occupent dans ces terrains des niveaux exactement parallèles à ceux où les mêmes espèces fourmillent dans les couches crétacées du sud-ouest, circonstance qui contribue à rendre l'étude du groupe des Rudistes plus intéressante encore pour les géologues.

EXPLICATION DES PLANCHES.

Pl. XIII, fig. 1. — *Radiolites Bournoni*, Des Moulins, sp.

Individu de grandeur naturelle, scié longitudinalement d'avant en arrière, et dont la cavité des valves a été entièrement dépouillée de la gangue calcaire qui la remplissait. Cette figure montre les lames externes déposées par le bord du manteau sur toute la circonférence de l'ouverture de la coquille, et les lames de dépôt vitreux sécré-

---

(1) *Die Kreidebildungen von Texas und ihre organischen Einschlüsse* (Les formations crayeuses du Texas et leurs restes organiques), par Ferdinand Rœmer. Bonn; 1852.

tées par la surface externe du manteau, qui revêtent tout l'intérieur des valves, et forment en même temps l'appareil cardinal, ainsi que les apophyses destinées à fournir les attaches musculaires.

M, M. Grande cavité principale, logeant la plus grande partie des viscères de l'animal.

S, S. Cavité cardinale, communiquant largement avec la grande cavité (M) par tout l'intervalle qui sépare les deux dents cardinales.

G. Deuxième dent cardinale engagée dans sa fossette (*g*).

e. Apophyse pour l'insertion du muscle adducteur postérieur. Elle est soudée à la base de la dent cardinale voisine (G) par un pédicule assez grêle, circonstance qui détermine l'existence d'une large et profonde échancrure (*a*) entre cette dent et l'apophyse (*e*). Je considère cette échancrure comme étant destinée au passage de l'extrémité anale de l'intestin.

Ce magnifique exemplaire a été recueilli par M. Dufrénoy dans les caleaires jaunes crétacés de la vallée de la Couze (Dordogne). Il fait partie de la collection de l'École des mines.

Fig. 2. *Radiolites Bournoni.* — Valve supérieure, de grandeur naturelle, vue du côté antérieur ou buccal.

S. Région cardinale, dépourvue de l'arête cardinale qui existe chez les Sphérulites.

F. Première dent cardinale, montrant sa surface externe régulièrement cannelée.

G. Extrémité de la seconde dent cardinale.

d. Apophyse pour l'insertion de l'adducteur antérieur, vue par sa face externe, entièrement destinée à l'insertion du muscle.

e. Seconde apophyse vue par sa face interne.

Fig. 3. La même valve, vue du côté postérieur ou anal.

M. Cavité antérieure recevant une portion de l'animal.

G. Seconde dent cardinale, montrant sa face externe sillonnée régulièrement.

e. Apophyse pour l'insertion de l'adducteur postérieur, vue par sa face externe qui porte l'impression musculaire.

F. Extrémité de la première dent cardinale.

d. Face interne de l'autre apophyse musculaire.

Cette valve, dont la conservation est parfaite, provient d'un individu recueilli à Saint-Mametz (Dordogne) ; elle fait partie de la collection de l'École des mines.

Pl. **XIV**, fig. 1. — *Sphœrulites Hœninghausi*, Des Moulins.

Valve supérieure, de grandeur naturelle, vue du côté antérieur.

d. Apophyse destinée à l'insertion du muscle adducteur antérieur.

e. Seconde apophyse plus saillante que la première, et qui est terminée par la surface d'attache du muscle postérieur. Cette apophyse (*c*) est séparée de la dent cardinale voisine (G) par une échancrure profonde (*a*) destinée au passage de l'extrémité anale du tube intestinal.

F. Première dent cardinale.

G. Seconde dent cardinale. Elles sont toutes deux brisées à leur extrémité.

Cette pièce remarquable provient des environs de Ribérac ; elle fait partie de la collection de l'École des mines.

Fig. 2. La même, montrant sa cavité tout entière.

A. Arête cardinale, formée de deux lames de dépôt vitreux superposées l'une à l'autre, depuis le bord cardinal jusqu'au point où elles se séparent pour produire la cavité (V).

d. Apophyse pour l'insertion du muscle adducteur antérieur.

e. Surface d'attache de l'adducteur postérieur, placée à l'extrémité de la seconde apophyse, dans un plan perpendiculaire à l'axe de cette apophyse.

F. Première dent cardinale tronquée à son extrémité.

G. Seconde dent cardinale.

M. Cavité antérieure logeant la plus grande portion du corps de l'animal.

U, U. Cavités postéro-dentaires, situées en arrière de la charnière et de chaque côté de l'arête cardinale ; elles sont remplies de lames irrégulières qui produisent dans les moules de cette coquille les cônes criblés de cavités, constituant pour M. Ch. Des Moulins l'appareil accessoire des birostres.

Fig. 3. La même valve, vue du côté postérieur.

A. Sillon externe correspondant à l'arête cardinale.

V. Cavité située à l'extrémité de l'arête cardinale et au droit de la charnière.

U. Cavité postéro-dentaire.

F. Première dent cardinale.

G. Seconde dent cardinale.

e. Apophyse terminée par la surface d'attache du muscle adducteur postérieur.

a. Canal pour le passage de l'intestin.

Fig. 4. La même valve, vue du côté cardinal.

A. Sillon externe correspondant à l'arête cardinale.

V. Cavité située à l'extrémité de l'arête cardinale.

U. Cavité postéro-dentaire.

F. Première dent cardinale.

G. Seconde dent cardinale.

d. Apophyse pour l'insertion de l'adducteur antérieur.

e. Apophyse terminée par la surface d'attache du muscle adducteur postérieur.

Pl. XV, fig. 1. — *Hippurites cornu-vaccinum*, Bronn.

Valve inférieure, de grandeur naturelle, entièrement dépouillée de
la gangue qui en obstruait les cavités.

A. Arête cardinale.
B. Premier pilier.
C. Second pilier.
D. Empreinte du muscle adducteur antérieur.
E. Empreinte de l'adducteur postérieur, contiguë à celle de l'autre
muscle.
f. Fossette destinée à recevoir la première dent cardinale (F) de la
valve supérieure.
g. Fossette pour la seconde dent cardinale (G).
h. Fossette pour la troisième dent cardinale (H).
m, *m′*. Cloison se dirigeant de la partie antérieure (*m*) du premier
pilier (B) vers la base (*m′*) de l'empreinte musculaire (D), et séparant les fossettes dentaires de la grande cavité (M) antérieure, où
se loge la plus grande portion du corps de l'animal.
M. Cavité antérieure destinée à l'animal.
p. Cloison séparant la fossette (*f*) de la cavité (U).
U. Cavité postéro-dentaire, dont la dimension est déterminée par le
grand développement que l'arête cardinale a pris dans cette espèce.

Cette valve inférieure provient des environs de Bugarach (Corbières) ; elle a été donnée à l'École des mines par M. de Verneuil.

Fig. 2. *Hippurites cornu-vaccinum*, Bronn. — Individu de grandeur naturelle, montrant la valve supérieure.

A. Sillon extérieur correspondant à l'arête cardinale.
B. Sillon correspondant au premier pilier.
C. Sillon correspondant au second pilier.
b. Premier oscule.
c. Second oscule.

La surface de la partie centrale de la valve est détruite, ce qui
permet de voir les canaux irréguliers qui se dirigent du sommet
vers le contour extérieur de la coquille.

Cet exemplaire, provenant du port de Figuières, près de Mar-
seille, a été donné à l'École des mines par M. Matheron.

Fig. 3. *Hippurites cornu-vaccinum*, Bronn. — Valve inférieure, de
grandeur naturelle, sciée transversalement et polie. On distingue
très nettement les deux systèmes de couches qui composent le test.

A. Section de l'arête cardinale.
B. Section du premier pilier.
C. Section du second pilier.
F. Section de la première dent cardinale, étroitement enchâssée
dans son alvéole.
G. Coupe de la seconde dent cardinale et de son alvéole.

H. Coupe de la troisième dent cardinale et de son alvéole.
m, *m'*. Cloison antéro-cardinale.
p Cloison séparant la charnière de la cavité (U).
M. Cavité antérieure pour l'animal.
U. Cavité postéro-dentaire.

Cet exemplaire, provenant des Corbières, a été donné à l'École des mines par M. Oscar Rolland du Roquan.

Fig. 4. *Hippurites dilatatus*, Defrance. — Valve inférieure, de grandeur naturelle, sciée transversalement et polie.

A. Section de l'arête cardinale, réduite dans cette espèce à un simple repli très peu saillant dans l'intérieur de la coquille.
B. Section du premier pilier.
C. Section du second pilier. On voit que les deux piliers sont bien plus espacés que ceux de l'*H. cornu-vaccinum*, et qu'ils ont de toutes autres dimensions.
F. Coupe de la première dent cardinale et de son alvéole.
G. Coupe de la seconde dent cardinale et de son alvéole.
H. Coupe de la troisième dent cardinale et de son alvéole.
M. Cavité destinée à recevoir l'animal ; elle est remplie par une gangue formée de calcaire noir, compacte.

La cavité postéro-dentaire (U), qui acquiert un si grand développement dans l'*H. cornu-vaccinum*, devait nécessairement manquer à cette espèce chez laquelle l'arête cardinale est à peine saillante.

Cet individu, provenant des Corbières, fait partie de la collection de l'École des mines.

BIBLIOTHÈQUE IMPÉRIALE

Paris. — Imprimerie de L. Martinet, rue Mignon, 2.

www.ingramcontent.com/pod-product-compliance
Ingram Content Group UK Ltd.
Pitfield, Milton Keynes, MK11 3LW, UK
UKHW021157220726
13924UKWH00003B/1168